Chidambaram Kurinji Malar
Namasivayam Senthil Kumar
Ramasamy Rengasamy

Avaliação da R - ficoeritrina obtida de Chondrococcus Hornemonii

Chidambaram Kurinji Malar
Namasivayam Senthil Kumar
Ramasamy Rengasamy

Avaliação da R - ficoeritrina obtida de Chondrococcus Hornemonii

ScienciaScripts

Imprint

Cover image: www.ingimage.com

This book is a translation from the original published under ISBN 978-3-659-87125-2.

Publisher:
Sciencia Scripts
is a trademark of
Dodo Books Indian Ocean Ltd. and OmniScriptum S.R.L publishing group

120 High Road, East Finchley, London, N2 9ED, United Kingdom
Str. Armeneasca 28/1, office 1, Chisinau MD-2012, Republic of Moldova, Europe
Managing Directors: Ieva Konstantinova, Victoria Ursu
info@omniscriptum.com

Printed at: see last page
ISBN: 978-620-8-56752-1

ÍNDICE DE CONTEÚDOS:

CAPÍTULO 1
INTRODUÇÃO

A dependência humana dos recursos marinhos é uma história antiga que remonta à era pré - civilizacional. O desenvolvimento científico moderno agravou, de facto, a situação, levando à exploração comercial e económica da flora e fauna marinhas.

As regiões costeiras são meios dinâmicos que se deparam com a confluência constante entre a atmosfera, a terra e o mar. Os componentes do ecossistema costeiro são frágeis e estão equilibrados e são controlados por processos físicos e biológicos, que podem ser facilmente afectados por perturbações naturais ou induzidas pelo homem. A magnitude da interação entre o homem e o ambiente na zona costeira é fundamental para determinar a produtividade do ecossistema e, por conseguinte, a gestão dos recursos costeiros está a tornar-se importante e imperativa por razões nutricionais, económicas e ambientais. É também imperativo que a área da plataforma continental, uma das regiões biologicamente produtivas do ambiente marinho, cubra cerca de 16% do oceano mundial.

A nível mundial, existe uma forte pressão populacional sobre as zonas costeiras devido às grandes oportunidades que o ecossistema costeiro proporciona. Em muitos países, as populações das zonas costeiras estão a crescer mais rapidamente do que as das zonas não costeiras l. Esta situação é particularmente preocupante porque o crescimento da população e as actividades que lhe estão associadas podem degradar os ecossistemas costeiros e marinhos. São já visíveis várias tendências preocupantes nestes ambientes. As alterações na dimensão, composição e distribuição das populações humanas afectam os ecossistemas das regiões costeiras, alterando a utilização e a ocupação do solo. A pesca ou a apanha, a destruição dos mangais, a poluição e a sedimentação resultantes das actividades humanas podem afetar o ambiente costeiro. Metade das zonas húmidas do mundo desapareceram no século XX, tal como 50% de todos os mangais, e cerca de 60% dos recifes de coral do mundo estão seriamente degradados, em alguns casos para além da recuperação ou ameaçados pelo desenvolvimento e (CARICOMP) centra-se na compreensão da estrutura e função dos mangais, ervas marinhas e recifes de coral, os principais ecossistemas costeiros das Caraíbas. É um exemplo de um programa internacional funcional de monitorização do ambiente marinho costeiro e pode ser utilizado como modelo para outros países ou regiões. As invasões ecológicas nos habitats marinhos costeiros têm sido reconhecidas como uma das principais causas do declínio da biodiversidade e das alterações nas populações nativas, na dinâmica das comunidades e nos principais processos dos ecossistemas. Estas invasões incluem a introdução intencional de espécies exóticas pelo homem para fins específicos.

A Índia, um país conhecido pela sua linha costeira relativamente longa (7512 kms), possui uma abundância de flora e fauna de diversidade variada. O oceano da Índia estende-se por mais de

30 % da área oceânica global e é rodeado por 36 nações litorais e 11 do interior que sustentam cerca de 30 % da população mundial (Wafar, 2011).

Entre os vários grupos de flora da região do oceano Índico, as algas vermelhas constituem a maior parte dos recursos com um vasto potencial de utilização e exploração comercial. Estas algas vermelhas sintetizam uma vasta gama de produtos químicos, alguns dos quais são apenas recursos naturais, por exemplo, ágar, carragenina e alginatos. Todos os anos, cerca de 7,5 a 8 milhões de toneladas de algas húmidas são produzidas ao longo das costas do mundo (Subba Rao e Mantri, 2006).

As algas marinhas das costas indianas têm sido objeto de um estudo bastante completo desde há várias décadas. A última lista sistemática inclui 844 espécies distribuídas por 217 géneros. O género mais abundante é Rhodophyta (434 espécies), seguido de Chlorophyta (216 espécies), Phaeophyta (191 espécies) e Xanthophyta (3 espécies). Entre estas, o número máximo de espécies foi registado em Tamil Nadu (302), seguido de Gujarat (202), Maharashtra (159), Lakshadweep (89), Andhra Pradesh (79) e Goa (75) (Venkatraman e Wafar, 2005).

Holdt e Kraan (2011) analisaram os compostos bioactivos obtidos a partir de várias algas marinhas. Nessa análise, descrevem em pormenor as fontes e as utilizações industriais e comerciais de várias algas marinhas encontradas em todo o mundo. As algas marinhas contêm grandes quantidades de polissacáridos, nomeadamente estruturais da parede celular, mas também mucopolissacáridos e polissacáridos de armazenamento (Kumar *et al.,* 2008; Murata e Nakazoe, 2001). Os polissacáridos são polímeros de açúcares simples (monossacáridos) ligados entre si por ligações glicosídicas e têm numerosas aplicações comerciais em produtos como estabilizadores, espessantes, emulsionantes, géneros alimentícios, alimentos para animais, bebidas, etc. (Tsang, 2001).

Em geral, as algas contêm uma série de pigmentos para aumentar a sua eficiência fotossintética, absorvendo quantidades e qualidades variáveis de luz, bem como actuando como fotoprotectores. Ao longo dos anos, a investigação sobre os pigmentos fluorescentes, especialmente proteínas como as proteínas verdes fluorescentes (GFP) das medusas e dos corais, tem suscitado um enorme interesse. As ficoeritrinas presentes nas cianobactérias (algas azuis-verdes), criptomonas, glaucófitas e algas vermelhas (Rhodophyta) contam-se entre as proteínas fluorescentes que contêm cromóforos e que são amplamente utilizadas na geração de sondas moleculares fluorescentes devido às suas excelentes propriedades espectroscópicas (Kronick e Grossman, 1983; Glazer e Stryer, 1984; Haugland, 2002).

Entre os vários compostos bioactivos obtidos a partir dos recursos marinhos, as ficobiliproteínas ocupam uma posição proeminente devido à sua variedade e novidade de aplicações. Ao contrário das clorofilas e dos carotenóides, as ficobiliproteínas são solúveis em água e formam partículas (ficobilissomas) na superfície dos tilacóides, em vez de estarem incorporadas nas membranas. As ficobiliproteínas são constituídas por ficobilinas pigmentadas, que são tetrapirróis. Diferentes combinações das duas principais ficobilinas - ficoeritrobilina (vermelha) e ficocianobilina (azul) - que absorvem diferentes espectros de absorção (Lobban e Harrison, 1994).

Embora muitas algas vermelhas sejam mais conhecidas pelo seu potencial bioativo, apenas um número limitado de membros foi estudado até agora. De acordo com Subba Rao e Mantri (2006), as algas marinhas são principalmente recolhidas para a extração de alginatos, carragenina e outros subprodutos. Esta não inclui outras fontes de algas marinhas, como as ficobiliproteínas, as fucoxantinas, etc. Por conseguinte, é necessário desenvolver um esforço concertado para explorar estes recursos inexplorados na costa indiana. Com efeito, as ficobiliproteínas oferecem amplas possibilidades de aplicação numa série de indústrias. Foi diagnosticado que as ficobiliproteínas possuem propriedades anti-inflamatórias, hepatoprotectoras e antioxidantes (Mishra *et al.,* 2010). Além disso, Reis *et al* (1998) referiram que as ficobiliproteínas, especialmente a ficoeritrina, têm sido amplamente utilizadas em citometria de fluxo, triagem celular activada por fluorescência, histoquímica, imunoensaio e deteção de espécies reactivas de oxigénio. Existem também relatórios sobre a utilização de ficoeritrinas como marcadores fluorescentes para células e macromoléculas e em biossensores (Oi *et al.,* 1982; Ayyagiri *et al* 1995).

Tal como as aplicações da ficoeritrina estão amplamente documentadas, a sua extração, purificação e caraterização também atraíram a atenção da comunidade científica a nível mundial. Sendo uma proteína, a ficoeritrina tem sido sujeita a estratégias clássicas de purificação de proteínas, como a precipitação com sulfato de amónio, a cromatografia de troca iónica e a cromatografia de filtração em gel (Tripathy *et al.,* 2007; Niu *et al.,* 2006).

Devido às suas excelentes propriedades espectroscópicas, estabilidade, elevado coeficiente de absolvição e elevado rendimento quântico, as PBP podem ser utilizadas como marcadores fluorescentes altamente sensíveis de células e macromoléculas na investigação biomédica (Isailovic *et al.* 2004). Têm sido utilizadas como fotossensibilizadores para o tratamento de tumores (Huang *et al.* 2002; Li *et al.* 2000). Estudos recentes mostraram também a sua aplicabilidade na imunomodulação (Roman *et al.* 2002). Além disso, têm potencial como corantes naturais para uso em alimentos e cosméticos, particularmente como substitutos de corantes químicos sintéticos, que são geralmente tóxicos ou inseguros (Akhilender *et al.* 1999; Bermejo *et al.* 2003a).
No entanto, as aplicações deste tipo de pigmentoproteína deparam-se com o gargalo resultante do seu elevado preço, que pode ser atribuído a dificuldades na sua purificação. Embora alguns investigadores estejam a tentar transferir genes relacionados para micróbios geneticamente modificados para expressar PBP em grande escala, tal ainda não foi conseguido. Atualmente, a principal abordagem para obter PBP continua a ser a purificação a partir do organismo natural. Assim, a procura de biomateriais baratos e o estudo do processo de purificação adequado é um esforço atrativo.

Nestas circunstâncias, propõe-se a realização de um estudo sobre a extração, purificação e caraterização da R-hipoeritrina da alga vermelha *Chondrococcus hornemanii* (Lyngbye) F. Schmitz, da costa de Mandapam em Tamil Nadu, Índia.

CAPÍTULO 2
REVISÃO DA LITERATURA

A nível mundial, os recursos marinhos são objeto de um interesse reconhecido pelo seu rico valor económico. Os recursos marinhos, *por si só,* possuem um enorme potencial de substâncias de valor inestimável que vão desde os ficocolóides aos pigmentos e aos lípidos. Entre os vários recursos biológicos de origem marinha, os pigmentos constituem uma grande parte dos recursos que precisam de ser totalmente explorados e explorados. Por conseguinte, foi feita uma tentativa neste estudo para explorar uma dessas algas marinhas, *Chondrococcus* sp., quanto ao seu teor de R-hipoeritrina.

A R - ficoeritrina (R-Rhodophyceae) é uma biliproteína que se encontra nas hastes dos ficobilissomas da maioria das algas vermelhas. As suas bilinas recolhem a energia solar que migrará primeiro através da R- ficoeritrina, depois para a ficocianina e para a aloficocianina. Em seguida, entra na membrana tilacoide e, finalmente, atinge os centros de reação. A ficoeritrina R possui dois cromóforos (bilinas), as ficotirobilinas e a ficociorobilina, que absorvem principalmente a luz verde e azul, respetivamente (Mac Coll *et al.,* 1999).

As ficobiliproteínas organizam-se em agregados supramoleculares - os ficobilissomas - de forma a maximizar a transferência de energia para os complexos clorofila-proteína localizados na membrana do tilacoide (Reis *et al.,* 1998). As ficobiliproteínas são proteínas com grupos prostéticos tetrapirrólicos lineares (bilinas) que, no seu estado funcional, estão ligados covalentemente a resíduos específicos de cisteína das proteínas. Estas proteínas encontram-se em cianobactérias (algas verdes azuis), numa classe de algas eucarióticas unicelulares biflageladas (criptomonas) e em Rhodophyta (algas vermelhas) (Roman, 2002). A ficoeritrina, quer seja de origem cianobacteriana ou rodofítica, tem uma vasta gama de aplicações.

As ficobiliproteínas são utilizadas como corantes em alimentos (gomas de mascar, produtos lácteos, banhos de gelo, gelatinas, etc.) e cosméticos como batom e delineadores de olhos no Japão, Tailândia e China (Dainippon Ink and Chemicals, 1985). Foi também demonstrado que as ficobiliproteínas têm valor terapêutico através da atividade imunomoduladora e da atividade anticancerígena (Iijima e Shimamatsu, 1982).

Devido ao seu papel na captação de luz, as biliproteínas evoluíram de modo a maximizar a adsorção e a fluorescência e a minimizar a atenuação causada quer pela transferência interna de energia quer por factores externos, como alterações do pH ou da composição iónica. As ficobiliproteínas dividem-se em três classes principais com base nas suas propriedades de absorção. Ficoeritrinas (PE's, X max ~ 540 - 570 nm), ficocianina (PC's, X max ~ 610 - 620 nm) e aloficocianina (APC's, k max ~ 650 - 655 nm). As principais classes de PE's diferem nas suas caraterísticas de absorção: B- PE X max ~ 565, 545 nm e um ombro a 499 nm, R-PE's X max ~ 565, 495 nm e um ombro a 545 nm, e C- PE's X max ~ 565 nm) (Hilditch *et al.,* 1991; Wedemayer *et al.,* 1996 e Galland

- Irmouli *et al.*, 2000).

As ficobiliproteínas têm também rendimentos quânticos de fluorescência elevados (Glazer, 1985). As suas fortes bandas de absorção visíveis começam em - 440 nm e estendem-se até ao vermelho distante. São altamente solúveis e estáveis em solução aquosa e a sua fluorescência não é atenuada pela maioria das biomoléculas. A magnitude do desvio de Stokes é um fator determinante da sensibilidade final de um reagente analítico fluorescente. A dispersão de Rayleigh e Raman interfere com a deteção de baixas concentrações de um analito, tal como a fluorescência de fundo de outros componentes. Por conseguinte, é importante poder manipular a separação entre os comprimentos de onda de excitação e de emissão. Mostramos aqui que a transferência de energia de um dador para um aceitador ligado covalentemente pode ser utilizada para ajustar o desvio de Stokes. A ficoeritrina é um dador de energia especialmente adequado devido à sua absorção ampla e intensa entre 450 e 570 nm. A aloficocianina (X max 650 nm; EM 7,05 x 105 cm-' M-' por 100 000 daltons) foi escolhida como aceitador de energia porque o seu máximo de emissão se situa a 660 nm, em comparação com 575 nm para a ficoeritrina. Além disso, esperava-se uma transferência eficiente de energia da ficoeritrina para a aloficocianina ligada covalentemente devido à sobreposição espetral favorável deste par dador-acetor.

O ficobilissoma (PBS) é um agregado macromolecular de proteínas e pigmentos que captam a luz, muito presente nas células fotossintéticas das cianobactérias e das algas vermelhas. Fixado no lado estromático da membrana tilacoide, colhe abundantemente a luz solar que a clorofila absorve mal e transfere eficazmente a energia colhida para a clorofila num dos fotossistemas incorporados na membrana tilacoide (Rowan, 1989; Reuter e Mueller, 1993 e Van Grondelle *et al.*, 1994).

As ficobiliproteínas são cromoproteínas com propriedades anti-inflamatórias, hepatoprotectoras e antioxidantes, que podem desempenhar um papel crucial na ação fotodinâmica durante o tratamento de tumores e leucemia (Khan *et al.*, 2005; Kulshreshta e Vadiraja *et al.*, 1998). Isailovic et al (2004) isolaram as subunidades de R-Phycoerythrin de três algas vermelhas. Observaram que os pesos moleculares das subunidades a, p e y eram de -20 000 Da, -20 000 Da e -30 000 Da, respetivamente, em todas as espécies de algas vermelhas.

Pensa-se que as ficobiliproteínas não podem ser montadas a partir de apenas um tipo (a ou P) de subunidade. Existem muitos relatórios disponíveis em que a ficoeritrina completa de cianobactérias e algas vermelhas foi caracterizada (Rossano *et al.*, 2003; MacColl et al., 1996; Wilbanks e Glazer 1993).

A ficocianina e a ficoeritrina são as duas proteínas pigmentadas naturais atualmente utilizadas com aplicações versáteis. A caraterística mais adequada para a sua utilização é a sua estabilidade a baixa temperatura com alguns conservantes como o ácido cítrico (Patel *et al.*, 2004; Mishra *et al.*, 2008). Por conseguinte, são utilizadas em produtos de confeitaria e cosméticos como corantes

(Eriksen, 2008).

As ficobiliproteínas, em particular a ficoeritrina, podem constituir uma proporção importante das proteínas das células das algas vermelhas, com níveis de 1,2 % e 0,5 % do peso seco registados em *Palmaria palmata* e *Gracilaria thikvahiae,* respetivamente (Chronakis *et al.,* 2000). As ficobiliproteínas estão atualmente a ser utilizadas como corantes naturais para aplicações alimentares e cosméticas e são utilizadas em alimentos como pastilhas elásticas e produtos lácteos, para além de batons e delineadores (Sekar e Chandramohan, 2008).

Biologicamente, as ficobiliproteínas são complexos proteicos acessórios de captação de luz altamente eficientes, responsáveis pela condução de energia para os centros de reação fotossintéticos. São exclusivas de algas vermelhas e cianobactérias (Glazer, 1985). Ugarte *et al* (2011) analisaram os parâmetros espectrofotométricos da ficoeritrina de *Gracilaria chilensis* e relataram que a ficoeritrina é constituída por três subunidades, nomeadamente a, P e y.

Verificou-se que a alga vermelha marinha Polysiphonia urceolata possui um complexo de R - ficoeritrina com um peso molecular de -33,5 kDa, para além das subunidades a, P e y habituais (Sun *et al.,* 2004).

Segundo Apt *et al.* (1993), nas ficoeritrinas das algas vermelhas, existem polipéptidos especiais, designados por subunidades y, que são estruturalmente diferentes das subunidades a e p. Estas subunidades ligam os hexâmeros de PE aos subcomplexos dos bastonetes, desempenhando um papel semelhante ao dos ligantes nas ficobiliproteínas das cianobactérias (PBS). Por este motivo, são consideradas como um tipo de polipeptídeos de ligação da haste com pesos moleculares de aproximadamente 30 kDa, servindo como polipeptídeos de ligação do PE.

Niu *et al.,(2006)* purificaram a R-hipoeritrina da alga vermelha Polysiphonia urceolata com uma configuração molecular de (a P)ey. Wiley *et al.,* (2008) estudaram os efeitos sazonais no conteúdo de antioxidantes, pigmentos fotossintéticos e eficiência fotossintética da alga vermelha *Prophyra umbilicalis* e observaram que havia uma inibição nos pigmentos fotossintéticos vis-à-vis a eficiência fotossintética.

Bakasova *et al.,* (2008) destacaram a importância das nanopartículas de prata de R-Phycoerythrin sintetizadas a partir de *Callimthamnion rubosum.* Denis *et al.,* (2009) extraíram a R-ficoeritrina da alga vermelha, *Grateloupia turturu.*

A R-Phycoerythrin pertence à família das ficobiliproteínas. Trata-se de uma proteína vermelha oligomérica hidrossolúvel de 240 kDa com propriedades fluorescentes interessantes; o máximo de fluorescência única situa-se a 580 nm. A ficoeritrina é habitualmente utilizada em diferentes aplicações, como a imunologia, a biologia celular, a citometria de fluxo, a alimentação e os cosméticos (Sekar e Chandramohan, 2008).

Niu *et al.,* (2010) purificaram a ficoeritrina de *Porphyra yezoensis* utilizando o método de absorção em leito expandido e indicaram que a R-PE purificada tem três subunidades, nomeadamente a, 0 e y. Enquanto a R-hipoeritrina obtida dos membros das Rhodophyceae tem invariavelmente três subunidades, nomeadamente a, p e y, as suas contrapartes cianobacterianas têm apenas duas subunidades, nomeadamente a e p, como evidenciado por Parmer *et al.*, (2010).

Pandey e Pandey (2008) reconheceram a superioridade das substâncias antioxidantes mediadas por ficobiliproteínas de origem algal em relação às substâncias obtidas a partir de plantas medicinais tradicionais como *a Garcinia* e *a Curcuma.*

O cádmio é um dos elementos mais tóxicos. A intoxicação crónica por cádmio é observada em regiões com elevado teor de cádmio no ambiente, porque os agentes complexantes disponíveis não conseguem remover o cádmio do corpo humano. Na procura de agentes adequados, tem sido dada muita atenção aos ligandos de origem biológica. As ficobiliproteínas, pigmentos fotossintéticos de cianobactérias e algas vermelhas, parecem ser promissoras neste domínio. Esta suposição é apoiada pelos seguintes factos: as ficobiliproteínas são facilmente solúveis em água; os seus grupos cromóforos, tetrapirróis lineares, são semelhantes aos pigmentos biliares e, mais importante ainda, as ficobiliproteínas pertencem a proteínas de elevado peso molecular ricas em grupos de ligação ao cádmio (-SH, -NH e -COOH) (Bekasova *et al.*, 2005).

Outra área de aplicação importante em que a ficoeritrina tem vindo a ganhar destaque é a dos estudos de sondas de antigénio. Hayakawa *et al.* (1987) utilizaram a R- ficoeritrina como sonda antigénio-anticorpo e referiram a sua eficácia no estudo das reacções imunológicas. Kronick e Grossman (1983) referiram as propriedades de fluorescência das ficoeritrinas e a sua importância no desenvolvimento dc sondas de ficofluor para imunodiagnóstico.

As bilinas, moléculas tetrapirrólicas lineares, são cofactores importantes do fitocromo e das ficobiliproteínas (Dammeyer e Frankenberg-Dinkel, 2006). A ficoeritrina capta a luz no aparelho fotossintético das cianobactérias, permitindo que o organismo absorva eficazmente a luz na região do espetro visível que é pouco coberta pela clorofila a. Através da transferência de energia por ressonância, a energia luminosa absorvida é transferida para o centro de reação fotossintético. Devido às propriedades únicas de cor, fluorescência e antioxidantes das ficobiliproteínas, estas possuem uma vasta gama de aplicações promissoras nas indústrias alimentar e cosmética, de diagnóstico, biomédica e terapêutica (Jensen *et al.*, 2001; Belay, 2002).

Em *Phormidium tenue,* uma cianobactéria, Soni *et al.* (2010) tentaram elucidar a estrutura da subunidade a de 14 kDa isoladamente e determinaram a sua sequência. C- A ficoeritrina obtida a partir de *Pseudanabaena* sp. foi testada quanto ao seu valor alimentar em diferentes conservantes e verificou-se que o ácido cítrico é um conservante eficaz (Mishra *et al.*, 2010). Ugarte *et al.*, (2011) efectuaram experiências com parâmetros espectroscópicos da ficoeritrina obtida a partir de *Gracilaria chilensis.*

Em estudos realizados sobre a atividade térmica e a estabilidade das ficoeritrinas, observou-se que a taxa de decaimento da emissão de fluorescência é extremamente lenta a temperaturas inferiores a 60°C e muito rápida a temperaturas superiores a 70°C no sistema tampão em causa (Vaidya *et* a*l*.,2003).

CAPÍTULO 3
MATERIAL E MÉTODOS

GERAL

Todos os objectos de vidro (Borosil, Índia) foram limpos por imersão em solução de limpeza de dicromato de potássio (10% em ácido sulfúrico a 25%) durante uma hora e lavados cuidadosamente com água da torneira. Em seguida, foram novamente lavadas com detergente comercial diluído, seguido de lavagem repetida com água da torneira. Os objectos de vidro limpos foram finalmente enxaguados em água destilada, secos e utilizados.

SOLUÇÃO DE LIMPEZA

Dicromato de potássio - 60 g

Cone. H2SO4 - 60 mL

Água destilada - 1000 mL

O dicromato de potássio foi dissolvido em água quente, arrefecido e adicionado lentamente ácido sulfúrico. Misturou-se bem e utilizou-se para a limpeza de objectos de vidro.

QUÍMICOS

Em todos os estudos foram utilizados produtos químicos de qualidade analítica, exceto quando especificado em contrário.

ESTERILIZAÇÃO

O material de vidro e os meios foram esterilizados numa autoclave a 121°C a 15 psi durante 20 minu.

DESCRIÇÃO DAS ALGAS

Kingdom Plantae
Division Rhodophyta
Class Rhodophyceae
Subclass Florideophycidae
Order Cryptonemiales
Family Gloiosiphoniaceae
Genus Chondrococcus hornemanii

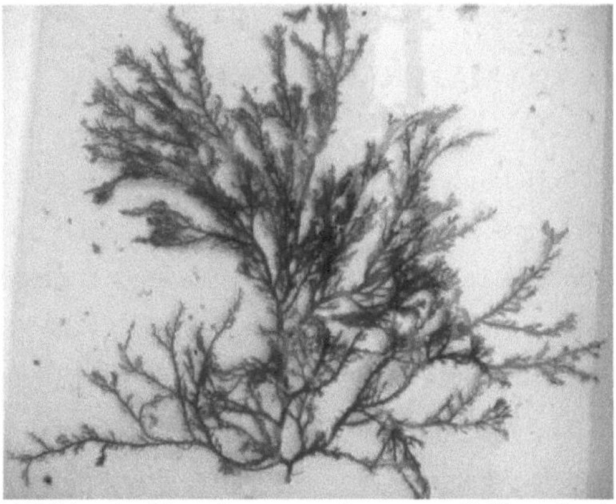

Placa-1 (a)Habitat e (b)Hábito de ***Chondrococcus hornemanii* (Lyngbye) F. Schmitz.**

DESCRIÇÃO DA ESTAÇÃO DE AMOSTRAGEM

Chondrococcus hornemanii (Lyngbye) F. Schmitz. (Placa 1 (b)) foi recolhido ao longo da costa de Mandapam (Lat.09° 17'N; Long.79° 08'E), Palk Bay, Tamil Nadu durante dezembro de 2010 e janeiro de 2011 (Placa 1 (a)). O fundo do mar no local de recolha é arenoso com manchas dispersas de algas e vegetação de ervas marinhas. A profundidade da água situa-se entre 1,0 m e 3,0 m.

EXTRACÇÃO E ESTIMATIVA DE PIGMENTOS FOTOSSINTÉTICOS

Foram retirados 500 miligramas da amostra de algas e triturados bem em areia lavada com ácido em 5 ml de éter dietílico, utilizando um pilão e um almofariz previamente arrefecidos durante 5 minutos. Em seguida, o homogenato foi mantido a 4°C num frigorífico durante a noite. No dia seguinte, a amostra foi centrifugada a 5000 rpm durante 5 minutos, o sobrenadante foi recolhido e lido a 663 e 688 nms, respetivamente, para Chi *a* e Chi *d* (Smith e Benitez, 1955 com modificações) num espetrofotómetro DU 40 (Beckman, EUA).

Para determinar a concentração dos pigmentos, foram adoptadas as seguintes fórmulas

Chlapg/Ml= 9,92 x A 663 - 1,15 x A 688

Chi *d* pg/mL= - 0,166 x A 663 +9,09 x A 688

EXTRACÇÃO E ESTIMATIVA DAS PROTEÍNAS TOTAIS

Reagentes

Tampão fosfato 0,1 m (pH 7)

61 mL de Na2HPO4 0,2 m foram adicionados a 39 mL de NaHPO4 0,2 m e diluídos a 200 mL com água destilada em vidro.

Reagente Coomassie brilliant blue

100 mg de CBB G-250 foram dissolvidos em 50 mL de etanol a 93%. Adicionaram-se 100 mL de ácido fosfórico a 85 % e diluiu-se para 1000 mL com água destilada em vidro.

Extração de proteínas

Foram retirados cinco mg de talo de alga e centrifugados. O pellet foi homogeneizado em 5 mL de tampão de fosfato de sódio a pH 7,0 num sonicador (UP200S Ultrasound Technology) e depois centrifugado a 5000 rpm durante 10 minutos (Remi, Mumbai). O sobrenadante foi retirado para a estimativa da proteína total.

Estimativa de proteínas

A 0,1 mL de amostra de proteína foram adicionados 5 mL de reagente de proteína, misturados cuidadosamente. A absorvância foi lida a 595 nm num espetrofotómetro DU 40 (Beckman, EUA) contra um branco de reagente. A quantidade de proteína foi calculada utilizando um gráfico padrão com albumina de soro bovino (BSA) que varia entre 10 e 100 pg/mL (Bradford, 1976).

EXTRACÇÃO E ESTIMATIVA DOS HIDRATOS DE CARBONO TOTAIS

Reagentes

Tampão fosfato 0,1 m (pH 6,8)

O tampão de fosfato de sódio de 0,1 m (pH 6,8) foi preparado misturando 49 mL de Na2HPO4 0,2 N e 51 mL de NaHPO4 0,2 N e completado até 100 mL com água destilada em vidro.

5 % de fenol

Dissolver 5 g de cristais de fenol em 100 ml de água destilada em vidro e refrigerar.

Ácido sulfúrico

Ácido sulfúrico de grau analítico (96%)

Extração de hidratos de carbono

Foram retirados 5 ml de cultura e centrifugados a 5000 rpm durante 15 minutos. O pellet foi homogeneizado com 5 mL de tampão de fosfato de sódio a pH 6,8 num sonicador (UP200S Ultrasound Technology) e depois centrifugado a 5000 rpm durante 10 minutos (Remi, Mumbai). O sobrenadante foi retirado para a estimativa dos hidratos de carbono totais.

Estimativa dos hidratos de carbono

A um mL de amostra, adicionou-se um mL de fenol a 5 % e cinco mL de Na2HPO4, tendo a mistura sido bem misturada por agitação em vórtice. A solução foi deixada em repouso à temperatura ambiente durante 30 minutos. A densidade ótica foi lida a 490 nm. Foi preparado um gráfico padrão com diferentes concentrações de d-glucose, variando de 10 a 100 pg/ mL (Dubois *et al.*, 1956).

EXTRACÇÃO E ESTIMATIVA DOS LÍPIDOS TOTAIS

Reagentes

Clorofórmio: Metanol (2:1V/V)

Misturaram-se 200 ml de clorofórmio com 100 ml de metanol.

Solução salina fisiológica (0,9%)

900 mg de NaCb foram dissolvidos em água destilada em vidro e completados para 100 mL.

Reagente de fosfovanilina

Foram adicionados 200 mg de fosfovanilina à mistura de 80 mL de ácido ortofosfórico e 20 mL de água destilada em vidro.

Extração de lípidos totais

Cinco ml de cultura foram centrifugados a 5000 rpm (Remi, Mumbai) durante 15 minutos. O sedimento foi homogeneizado num Sonicator com 6 ml de clorofórmio: metanol (2:1). Em seguida, foi transferido para uma ampola de decantação e adicionado com 2 ml de solução de NaCh a 0,9 % e bem misturado. Esta mistura foi deixada sem perturbações durante uma noite. Em seguida, da fase inferior do clorofórmio contendo lípidos, foram recolhidos 0,5 ml para um frasco e o solvente foi deixado evaporar à temperatura ambiente e o sedimento foi recolhido.

Estimativa dos lípidos totais

Ao sedimento, adicionou-se 0,5 ml de ácido sulfúrico concentrado e misturou-se bem. Os tubos foram fechados com bolas de vidro e mantidos num banho de água a ferver durante 10 minutos e deixados arrefecer à temperatura ambiente. A 0,2 mL de amostra foram adicionados 5 mL de reagente de vanilina e bem misturados. Deixou-se repousar durante 30 minutos e a cor desenvolvida foi lida a 520 nm num espetrofotómetro DU 40 (Beckman, US A). O gráfico padrão foi preparado usando colesterol variando de 10 a 100 pg / mL e os valores são expressos como pg / mL (Folch *et al.*, 1956).

EXTRACÇÃO, ESTIMATIVA E PURIFICAÇÃO DE FICOBILIPROTEÍNAS

Extração e estimativa da ficoeritrina

Um grama do talo da alga vermelha, *Chondrococcus*, foi recolhido num recipiente estéril e mantido em tampão fosfato (7,2 pH; ImM) para congelamento e descongelamento repetidos. Posteriormente, a biomassa foi separada por centrifugação a 8.000 rpm durante 15 minutos. As proteínas no sobrenadante foram precipitadas com saturação de sulfato de amónio a 60%. Os pigmentos ficoeritrina, ficocianina e aloficocianina foram testados através da leitura do sobrenadante a 562, 615 e 652 nm, utilizando um espetrofotómetro DU-40 (Beckman, EUA). As fracções que apresentaram uma leitura mais elevada de R- ficoeritrina a 562 nm foram agrupadas. Todas as etapas de purificação subsequentes foram efectuadas a 4°C. A proteína precipitada foi dissolvida em tampão fosfato 1 mM (pH 7,2) e dialisada contra o mesmo tampão. A proteína dialisada foi concentrada por liofilização e utilizada para posterior purificação (Bennet e Bogorad, 1973).

Purificação da R- ficoeythrin

Q - Cromatografia em coluna de sefarose

A amostra precipitada com sulfato de amónio foi carregada numa coluna de permuta iónica Q-Sepharose (10 x 1,6 cm) e lavada com tampão fosfato 0,05 M a pH 7,2. O pigmento foi eluído com um gradiente linear de 0 - 0,5 M NaCl no mesmo tampão. Foram recolhidas fracções de 3,0 ml por cada 12 minutos utilizando um coletor de fracções automático (LKB Broma 7000 Ultra Fraction Collector). O teor proteico das fracções foi lido a 280 nm e 562 nm para a proteína e a R-hipoeritrina, respetivamente. As fracções activas do pigmento foram agrupadas, dialisadas, concentradas e armazenadas a 4°C para utilização posterior.

Filtração em gel Sephadex G-200

Deixou-se inchar o Sephadex G-200 durante a noite em água destilada esterilizada. As esferas de gel flutuantes foram removidas e a pasta de gel foi embalada numa coluna de vidro (100 cm x 2,5 cm) que continha um filtro sinterizado no fundo. Durante o acondicionamento, teve-se o cuidado de evitar a formação de bolhas de ar. A coluna de gel embalada foi equilibrada com tampão fosfato 0,05M a pH 7,2.

A preparação de proteínas dialisadas foi carregada na coluna Sephadex G-200 e eluída com tampão fosfato 0,05 M a pH 7,2 com um caudal de 3,0 ml por 15 minutos. A absorvância das fracções foi lida a 280 nm para as proteínas e a 562 nm para a ficoeritrina, utilizando tampão fosfato (0,05 M).

As fracções activas da ficoeritrina foram agrupadas, dialisadas e concentradas por liofilização.

Algal Thallus

↓

Extracted with Phosphate buffer (0.01 M, pH 7.2)

↓

Supernatant precipitated with Ammonium Sulphate (40 - 60 %)

↓

Dialysed against Sodium Phosphate Buffer (10 mM, pH 7.2)

↓

Dialysate lyophilized

↓

Loaded onto Q – Sepharose Ion exchange Chromatography

↓

Eluted with Na Phosphate Buffer (1mM, pH 7.2)

↓

Dialysed against Sodium Phosphate Buffer (10 mM, pH 7.2)

↓

Dialysate lyophilized

↓

Loaded onto G -200 Gel filtration chromatography

↓

Eluted with linear gradient of Na Phosphate Buffer (5 mM, pH 7.2)

↓

Active fraction Pooled and lyophilized

Fig. 1 Diagrama de fluxo para a purificação de R- ficoeritrina de *Chondrococcus* sp.

ESTUDOS ELECTROFORÉTICOS

Eletroforese em gel de poliacrilamida nativo

Foi efectuada uma eletroforese em gel de poliacrilamida da protease purificada para analisar o perfil proteico da enzima, utilizando o aparelho de eletroforese da Bio-Rad, EUA. As seguintes soluções de reserva foram preparadas, filtradas, armazenadas em frascos de cor escura e refrigeradas (Davis, 1964).

Reagentes

Solution A	Volume	Solution B	Volume
1 N HCl	48.0 mL	Acrylamide	30.0 g
Tris	36.6 g	N,N'-methyl bisacrylamide	0.8 g
Glass distilled water	100 mL	Glass Distilled water	100 mL
pH 8.8 for Separating gel pH 6.8 for Stacking gel			

Solution C	Volume	Solution D
Ammonium persulphate	0.14 g	N, N, N, N'- Tetra methyl ethylene diamine (TEMED)
Glass distilled water	100 mL	

Preparação do gel

Separating gel [10 % (w/v)]		Stacking gel [5 % (w/v)]	
Solution A	0.74 mL	Solution A	0.35 mL
Solution B	2.0 mL	Solution B	0.50 mL
Solution C	0.3 mL	Solution C	0.15 mL
Glass distilled water	2.89 mL	Glass distilled water	2.0 mL
Solution D	0.005 mL	Solution D	0.005 mL

Tank buffer (pH 8.3)	Volume
Tris	3.0 g
Glycine	14.4 g
Glass distilled water	1.0 mL

A solução-mãe do tampão de depósito foi preparada até 100 ml com água destilada em vidro esterilizada, ajustada a pH 8,3, e utilizada como tampão de depósito. A eletroforese em gel foi efectuada em placas de vidro de 10,5 x 10,5 cm.

Determinação da massa molecular

A massa molecular total da R- ficoeritrina purificada foi determinada por NATIVE - PAGE. As amostras de proteínas purificadas foram processadas em NATIVE - PAGE juntamente com um processamento simultâneo de marcadores proteicos padrão constituídos por catalase (2,40,000 Da), albumina de soro bovino (67,000 Da), ovalbumina (43,000 Da), inibidor de tripsina de soja (20,100) e lactoglobulina (18,400 Da) obtidos de Genei, Bangalore, Índia. Após a separação, o gel foi corado com nitrato de prata, tal como descrito por Blum *et al.* (1987).

Procedimento de eletroforese

A polimerização do gel de separação foi efectuada nas placas de vidro. O gel de empilhamento foi polimerizado sobre o gel de separação após a inserção de um pente. Misturou-se uma quantidade conhecida de proteína com o tampão de amostra e colocou-se azul de bromofenol nos poços, ligando-se a fonte de alimentação com o cátodo no tanque superior e o ânodo no tanque inferior. A eletroforese foi efectuada a 4°C com uma tensão constante de 20 mA de corrente durante 2 h até o corante marcador atingir 0,5 cm acima da extremidade inferior.

Eletroforese em gel de dodecil sulfato de sódio-poliacrilamida (SDS-PAGE)

A eletroforese em gel de SDS-Poli-acrilamida foi realizada em placas de gel com géis de separação e empilhamento (10 e 5 % p/v), seguindo o método (Laemmli, 1970).

Reagentes

Soluções de stock

Solution A	1.5 M Tris-HCl buffer (pH 8.8) with 0.4 % (w/v) SDS
Solution B	0.5 M Tris-HCl buffer (pH 6.8) with 0.4 % (w/v) SDS
Solution C	30 % (w/v) acrylamide with 0.8 % bisacrylamide
Solution D	1.4 % Ammonium persulphate
Solution E	1 % SDS
Solution F	N,N,N,N' tetramethyl ethylene diamine (TEMED)

Preparação do gel

Separating gel [10 % (w/v)]		**Stacking gel [5 % (w/v)]**	
Solution A	0.75 mL	Solution B	0.38 mL
Solution C	2.0 mL	Solution C	0.5 mL
Solution D	0.3 mL	Solution D	0.15 mL
Solution E	0.6 mL	Solution E	0.3 mL

Glass distilled water	2.6 mL	Glass distilled water	1.98 mL
Solution F	0.005 mL	Solution F	0.005 mL

Sample Buffer	
Glycerol	2.0 mL
_-mercaptoethanol	1.0 mL
10 % SDS (w/v)	4.0 mL
Solution B	1.7 mL
Bromophenol blue (aqueous)	0.2 mL
Glass distilled water	0.6 mL

Tank buffer (pH 8.3)	
Tris	3.0 g
Glycine	14.4 g
SDS	1.0 g
Glass distilled water	1.0 mL

Procedimento

A solução de proteínas foi misturada com igual volume de tampão de amostra, fervida num banho de água durante 3 minutos, arrefecida e adicionada aos poços, tendo a fonte de alimentação sido ligada ao cátodo no tanque superior e ao ânodo no tanque inferior. A eletroforese foi efectuada à temperatura ambiente com uma tensão constante e uma corrente de 20 mA até o corante marcador atingir 0,5 cm acima da extremidade inferior.

Coloração de proteínas separadas

No final da eletroforese, o gel foi removido e corado com corante de prata (Blum *et al.,* 1987). Após a coloração, os géis foram conservados em ácido acético a 7 % (v/v).

Passos

i. Após a eletroforese, o gel foi retirado da cassete e colocado num tabuleiro contendo o volume adequado de solução de fixação para embeber o gel na solução durante cerca de 2 h. A fixação restringe o movimento das proteínas da matriz do gel e remove os iões interferentes e o detergente do gel. A fixação pode também ser efectuada durante a noite para melhorar a sensibilidade da coloração e diminuir o fundo.

ii. A solução fixadora foi rejeitada e o gel foi lavado com etanol a 20% durante 20 minutos. A lavagem com etanol foi efectuada três vezes para remover os iões detergentes remanescentes, bem como o ácido de fixação do gel.

iii. Deitar fora a solução de etanol, adicionar ao gel um volume suficiente da solução sensibilizante e incubar durante 2 minutos, com uma rotação suave, para aumentar a sensibilidade e melhorar o contraste da coloração.

iv. A solução sensibilizante foi rejeitada e o gel foi lavado duas vezes, 1 minuto de cada vez, em água desionizada.

v. Após a lavagem com água desionizada, adicionou-se uma solução fria de coloração com prata e agitou-se durante 20 minutos para permitir que os iões de prata se ligassem às proteínas.

vi. Após a coloração completa, a solução de coloração foi drenada e o gel foi lavado com um grande volume de água desionizada durante 20-60 segundos para remover o excesso de iões de prata não ligados. Repetiu-se a lavagem mais uma vez.

vii. O gel foi tratado com a solução de revelação durante um curto período e a solução foi descartada.

viii. Foi então adicionada uma nova porção da solução de revelação e a imagem da proteína foi revelada incubando o gel em 300 ml de solução de revelação durante 2-5 minutos. A reação foi interrompida assim que a intensidade desejada das bandas foi atingida.

ix. A reação de redução foi então interrompida pela adição de 50 ml de solução de terminação diretamente ao gel, ainda imerso na solução de revelação. O gel foi agitado suavemente durante 10 minutos. A revelação é interrompida assim que o "borbulhar" termina.

x. Os géis corados foram armazenados em ácido acético a 12% em sacos de plástico selados a 4°C.

Determinação da massa molecular

A massa molecular da R-Fycoerythin purificada foi determinada por SDS-PAGE. As amostras de proteínas purificadas foram submetidas a SDS-PAGE juntamente com uma corrida simultânea de marcadores de proteínas padrão consistindo em fosforilase b (97 400 Da), albumina de soro bovino (66 000 Da), ovalbumina (43 000 Da), anidrase carbónica (29 000 Da), inibidor de tripsina de soja (20 100) e lisozima (14 300 Da) obtidos de Genei, Bangalore, Índia. Após a separação, o gel foi corado com nitrato de prata, tal como descrito por Blum *et al.* (1987).

Análise espectroscópica da R -Phycoerythrin

Os espectros de absorvância da R - ficoeritrina foram preparados à temperatura ambiente por um espetrofotómetro DU 40 (Beckman, EUA) a uma concentração proteica de 0,1 mg/ml, utilizando uma célula de quartzo de 1 cm de percurso.

Estudos antioxidantes sobre a R- ficoeritrina

A R-hipoeritrina purificada (R-PE) foi avaliada quanto à sua capacidade antioxidante através dos seguintes métodos: atividade antioxidante total, poder redutor, peroxidação lipídica, atividade de eliminação de superóxidos e atividade de eliminação de radicais hidroxilo.

Atividade antioxidante total

A atividade antioxidante total do R-PE foi determinada de acordo com o método de Prieto *et al.*, (1992). Resumidamente, 0,3 mL de amostra foi misturado com 3,0 mL de solução reagente (ácido sulfúrico 0,6 M, fosfato de sódio 28 mM e molibdato de amónio 4 mM).

A mistura de reação foi incubada a 95° C durante 90 min. em banho-maria. A absorvância de todas as misturas de amostras foi medida a 695 nm utilizando um espetrofotómetro DU 40 (Beckman, EUA). A atividade antioxidante total é expressa como o número de equivalentes de ácido gálico.

Reduzir a potência

O poder redutor do R-PE foi determinado pelo método prescrito por Oyaizu (1986). Resumidamente, 1,0 mL de metanol contendo diferentes concentrações de amostra foi misturado com 2,5 mL dc tampão fosfato (0,2 M, pH 6,6) e 2,5 mL de ferricianeto de potássio (1%). A mistura de reação foi incubada a 50° C durante 20 min.

Após a incubação, foram adicionados 2,5 mL de ácido tricloroacético (10%) e centrifugados (650 g) durante 10 min. Da camada superior, 2,5 mL da solução foram misturados com 2,5 mL de água destilada e 0,5 mL de FeCh (0,1%). A absorvância de todas as soluções de amostra foi medida a 700 nm utilizando um espetrofotómetro DU 40 (Beckman, EUA). O aumento da absorvância indica um aumento do poder redutor.

Atividade de eliminação de radicais livres

Os efeitos de eliminação da R-PE foram determinados pelo método de Yan e Chen (1995). Resumidamente, 2,0 ml de solução de DPPH 0,16 mM (em metanol) foram adicionados ao tubo de ensaio contendo R- ficoeritrina em diferentes concentrações, tais como 1,2,3,4 e 5 mg/mL. A mistura foi agitada em vórtex durante 1 min. e mantida à temperatura ambiente durante 30 min. no escuro. A absorvância de todas as soluções de amostra foi medida a 517 nm com ácido ascórbico como padrão. O efeito de limpeza (%) foi calculado utilizando as fórmulas a seguir indicadas:

$$\text{DPPH Scavenging effect (\%)} = \frac{A_{Cont} - A_{Test}}{A_{Cont}} \times 100$$

em que Acont foi a absorvância da reação de controlo e A Test foi a absorvância na presença das algas da amostra.

Efeito de diferentes regimes de pH na atividade da R- ficoeritrina

O pH ótimo da R-ficoeritrina purificada foi testado incubando um mg do pigmento durante 1 hora a 25 ± 2° C em 2 ml de diferentes tampões, tais como o tampão de acetato de sódio (0,2 M; pH 4,5), o tampão de fosfato de sódio (0,2 M, pH 6,7 e 8) e o tampão de acetato de tris (0,2 M, pH 9). Após 1 hora de incubação, as amostras foram testadas quanto à atividade através da leitura do D.O. a 562 nm utilizando um espetrofotómetro DU 40 (Beckman, EUA).

Efeito de diferentes temperaturas na atividade da R- ficoeritrina

A temperatura da R-ficoeritrina purificada foi testada incubando um mg do pigmento em 2 mL do tampão Na Fosfato sob diferentes regimes de temperatura de 20 ° C a 80 ° C). Após 1 hora de incubação, as amostras foram testadas quanto à atividade através da leitura do D.O. a 562 nm, utilizando um espetrofotómetro DU 40 (Beckman, EUA).

Efeito de diferentes inibidores na atividade da R- ficoeritrina

Um mg do pigmento foi dissolvido em diferentes concentrações (0,1 mM, 0,5 mM, 1,0 mM, 5 mM e 10 mM) de diferentes inibidores, tais como etileno diamina tetra acetato (EDTA), dimetil sulfóxido (DMSO), β-mercaptoetanol, dodecil sulfato de sódio (SDS) e incubado à temperatura óptima de 20 °C durante uma hora. Em seguida, a atividade foi analisada a 562 nm utilizando um espetrofotómetro DU 40 (Beckman, EUA).

Efeito de diferentes iões metálicos na atividade da R- ficoeritrina

Um mg do pigmento foi dissolvido em diferentes concentrações (0,1 mM, 0,5 mM, 1,0 mM, 5 mM e 10 mM) de diferentes iões metálicos, tais como cloreto de manganês (MnCh), cloreto de cobalto (Co CL), cloreto de mercúrio (Hg Ch), sulfato de cobre (Cu SO4), sulfato de manganês (MnSO4), cloreto de cálcio (Ca Ch) e incubado à temperatura óptima de 20 °C durante uma hora. Depois disso, a atividade foi avaliada a 562 nm utilizando um espetrofotómetro DU 40 (Beckman, EUA).

Efeito de diferentes solventes na atividade da R- ficoeritrina

Um mg do pigmento foi dissolvido em dois mL de diferentes solventes orgânicos, tais como clorofórmio, acetona, etanol, metanol e acetato de etilo, e incubado à temperatura óptima de 20 °C durante uma hora. Depois disso, a atividade foi analisada a 562 nm utilizando um espetrofotómetro

DU 40 (Beckman, EUA).

CAPÍTULO 4
RESULTADOS

No presente estudo, a alga vermelha, *Chondrococcus hornemonii* (Syn. *Portieria hornemonii)* foi analisada para a extração, purificação e caraterização da R - ficoeritrina. Inicialmente, a alga foi analisada quanto ao perfil bioquímico e pigmentar. Na presente observação, verificou-se que o Chi. *a* e o Chi. *d* eram de 4,25 mg/g e 2,78 mg/g, respetivamente. Do mesmo modo, a proteína total das algas era de 0,190 mg/g e os hidratos de carbono totais de 3,88 mg/g. O total de lípidos, outro atributo bioquímico básico, foi de 12,72 mg /g de peso fresco. Na análise das ficobiliproteínas, a R - ficoeritrina (R-PE) foi máxima com 47,4 mg /g, seguida da aloficocianina (APC) com 4,43 mg /g e da ficocianina (PC) com 3,46 mg /g (Quadro 1). Como o R - PE foi encontrado em abundância comparativamente, o mesmo foi tomado para as análises posteriores.

Tabela 1. Perfil bioquímico e pigmentar de *Chondrococcus hornemonii.* Esp.

S. No.	Biochemical Attribute	Quantity (mg/g)
1.	Chlorophyll *a*	4.25 ± 1.53
2	Chlorophyll *d*	2.78 ± 1.23
3	Total Protein	1.9 ± 0.006
4	Total Carbohydrate	3.88 ± 0.74
5	Total Lipid	12.73 ± 7.36
6	Phycobiliprotin – Phycocyanin	3.46 ± 0.80
7	Allophycocyanin	4.43 ± 1.27
8	Phycoerythrin	47.4 ± 5.6

Purificação da R - ficoeritrina da alga *Chondrococcus hornemonii*

Q - Cromatografia em coluna de sefarose

Uma quantidade conhecida de R-PE parcialmente purificada e precipitada com sulfato de amónio (40-60 %) foi carregada na coluna cromatográfica Q-Sefarose e as fracções proteicas (5 ml cada) foram recolhidas utilizando um coletor de fracções automatizado. Foi recolhido um total de 75 fracções e a concentração de R-PE de cada fração foi determinada juntamente com a concentração total de proteínas por leitura espectrofotométrica a 562 nm e 280 nm, respetivamente, utilizando um espetrofotómetro DU 40 (Beckman, EUA). As fracções activas que revelaram a presença de R-PE foram recolhidas e agrupadas, dialisadas contra um tampão adequado e liofilizadas. A cromatografia em coluna Q - Sepharose foi repetida várias vezes para acumular uma quantidade suficiente de R-PE. O R-PE liofilizado foi posteriormente utilizado para a cromatografia de filtração em gel.

G- 200 Cromatografia de filtração em gel

Os R - PE eluídos na coluna Q - Sepharose foram carregados numa cromatografia de filtração em gel G - 200. As proteínas não ligadas foram lavadas com tampão fosfato de Na (10 mM; pH 7,2) até o eluente apresentar um D.O. nulo a 562 nm, específico para R - PE. As proteínas ligadas foram eluídas com um gradiente linear de NaCl em tampão fosfato de Na (10 mM; pH 7,2). A concentração de R-PE foi determinada a 562 nm. Cada fração ativa foi dialisada contra o mesmo tampão sem cloreto de sódio e testada para o mesmo.

Determinação da massa molecular da R - ficoeritrina

O padrão electroforético SDS - PAGE após coloração com CBB mostra duas bandas correspondentes ao a e p combinados e ao y separado com pesos moleculares correspondentes a 19 kDa, 21 kDa e 33 kDa, respetivamente (placa 2b). Do mesmo modo, a eletroforese NATIVE - PAGE mostra uma única banda correspondente a 230 kDa (placa 2a).

Um resumo das etapas de purificação revelou um aumento substancial no nível de pureza R - PE em cada etapa (Tabela 2).

Tabela 2. Resumo das etapas de purificação da R-hipoeritrina obtida de *Chondrococcus hornemonii*

Purification Step	Total Protein (mg)	Specific Protein (mg)	Recovery Percentage	Purity Index
Cell free extract (crude)	100	40	40	1.2
Ammonium Sulphate Precipitation	30	20	67	2.6
Ion – exchange Chromatography	20	15	75	3.8
Gel filtration Chromatography	5	4.75	95	5.2

Análise espetral da R -Phycoerythrin

O espetro de absorção da R - ficoeritrina (R-PE) foi obtido utilizando um espetrofotómetro DU 40 (Beckman, EUA) (Fig. 5). O espetro de absorção mostra picos de ombro máximos nas regiões de 498, 550-570 nm.

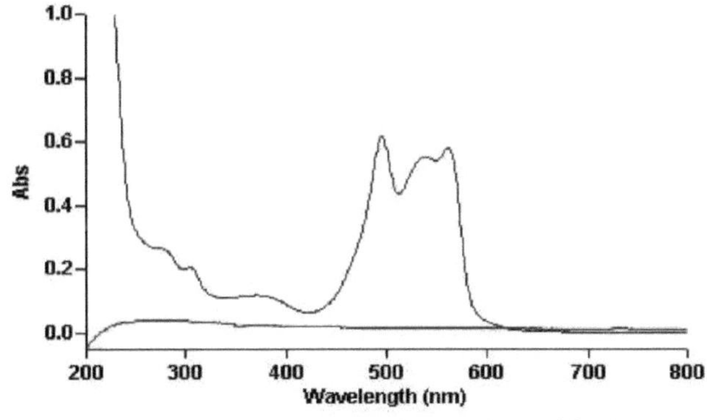

Fig. 5. Espectro de UV da R-hipoeritrina purificada

Análise de antioxidantes

No que diz respeito ao poder redutor total da R - ficoeritrina (R - PE), em concentrações mais elevadas tem um poder redutor mais elevado em comparação com as concentrações mais baixas (Fig. 6). Foi obtida uma tendência semelhante para a atividade de eliminação de radicais livres quando o ácido ascórbico foi utilizado como padrão (Fig. 7). No entanto, a atividade antioxidante total do R - PE é inferior quando comparada com o ácido ascórbico padrão (Fig. 8).

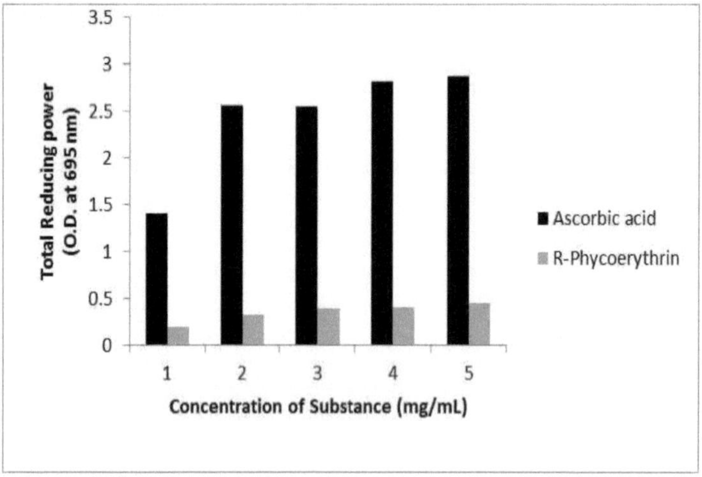

Fig. 6. Potência redutora total

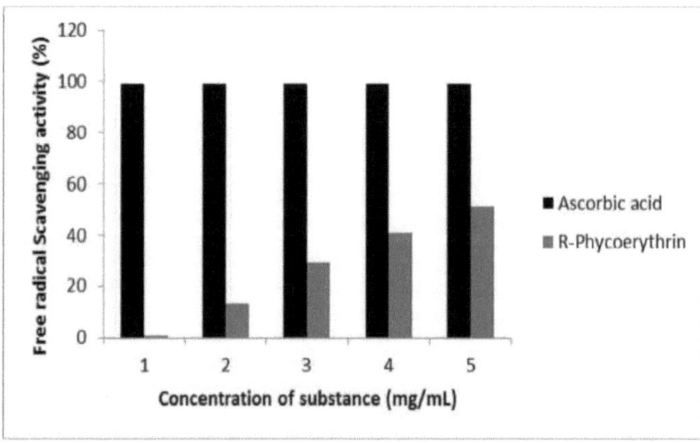

Fig. 7. Atividade de eliminação de radicais livres

Efeito de diferentes regimes de pH na atividade da R- ficoeritrina

Na avaliação da atividade do R - PE em diferentes regimes de pH, a pH 7,0, a atividade aumentou e diminuiu gradualmente a partir daí. Do mesmo modo, não foi observada qualquer atividade apreciável entre 4 e 6 e para além de 7 (Fig. 9).

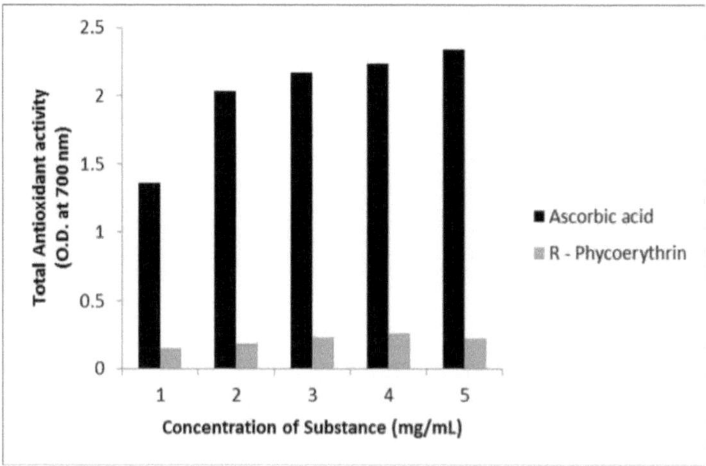

Fig. 8. Atividade antioxidante total

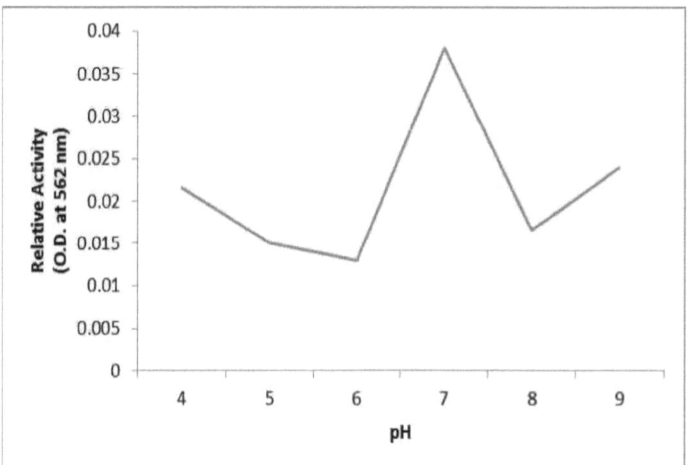

Fig. 9. Efeito de diferentes regimes de pH na atividade da R - ficoeritrina

Efeito de diferentes temperaturas na atividade da R- ficoeritrina

Quando o R - PE foi incubado sob diferentes regimes de temperatura, verificou-se que a 20 ° C, houve uma maior atividade e, para além disso, há uma redução na atividade. Do mesmo modo, a 6° C, apenas se observou uma baixa atividade (Fig. 10).

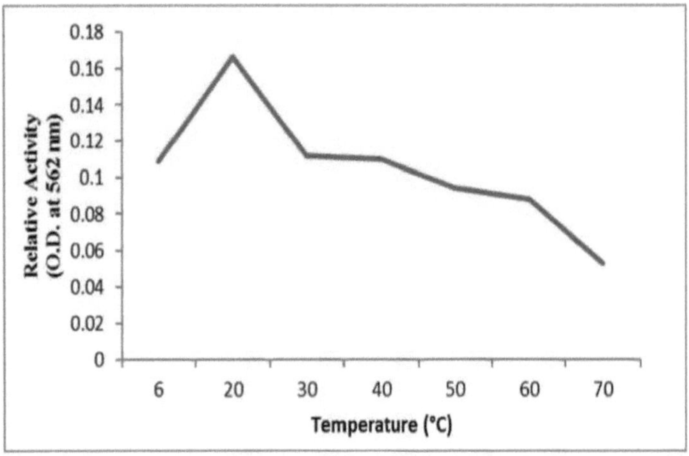

Fig. 10. Efeito de diferentes regimes de temperatura na atividade da R - ficoeritrina

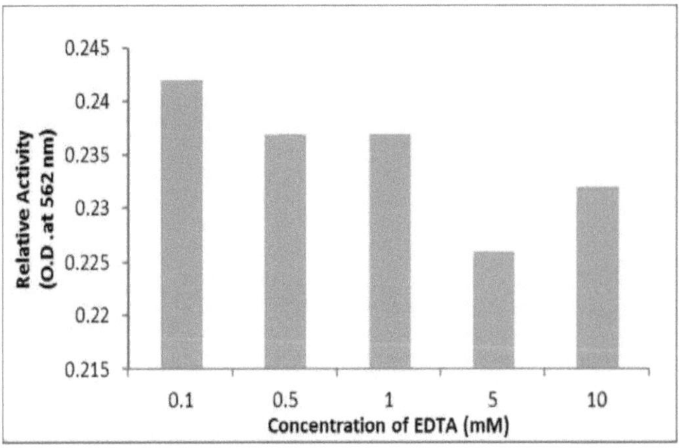

Fig. 11. Efeito de diferentes concentrações de ED TA na atividade da R - ficoeritrina

Efeito de diferentes inibidores na atividade da R- ficoeritrina

O EDTA em concentrações mais baixas, como 0,1, 0,5 e 1 mM, aumentou a atividade do R-PE. No entanto, a uma concentração de 5 mM reduziu a atividade (Fig. 11). O DMSO também apresentou efeitos semelhantes aos do EDTA até concentrações de 10 mM (Fig. 12). No caso do β-mercaptoetanol, exceto na concentração de ImmM, observou-se uma atividade mais elevada em todas as concentrações, com a atividade mais elevada a 0,5 mM (Fig. 13). Obteve-se um tipo de tendência totalmente diferente relativamente ao efeito do SDS, um detergente, na atividade da R-PE. Verificou-se uma diminuição consistente da atividade com concentrações crescentes de SDS (Fig. 14).

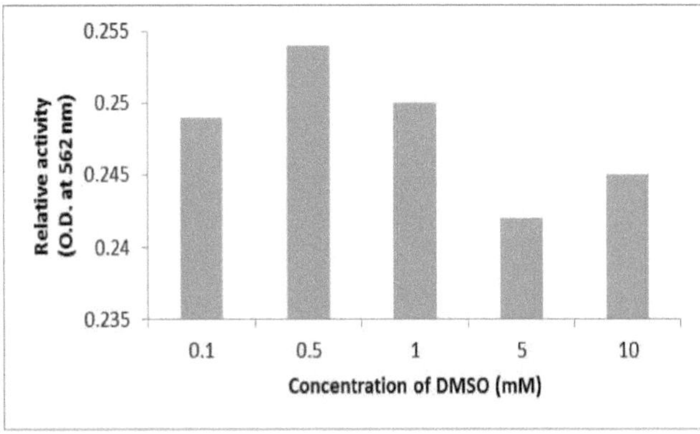

Fig. 12. Efeito de diferentes concentrações de DMSO na atividade da R - ficoeritrina

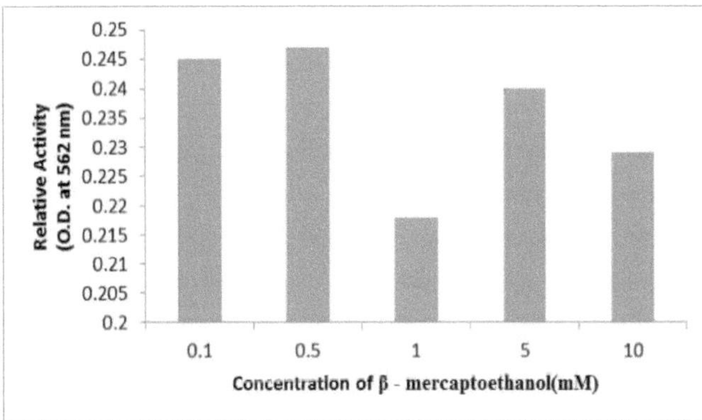

Fig. 13. Efeito de diferentes concentrações de P - mercaptoetanol na atividade da R - ficoeritrina

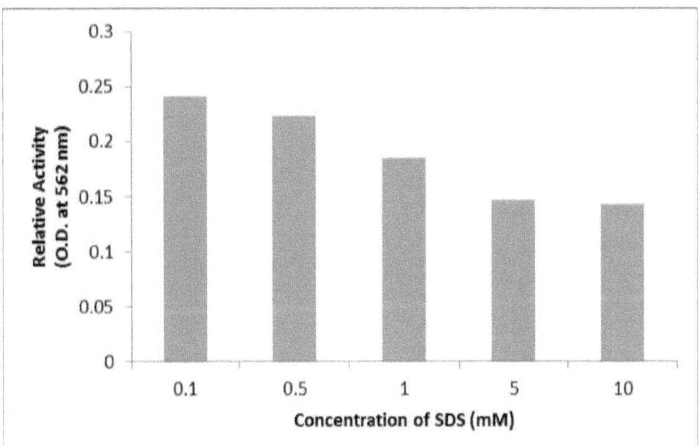

Fig. 14. Efeito de diferentes concentrações de SDS na atividade da R - ficoeritrina

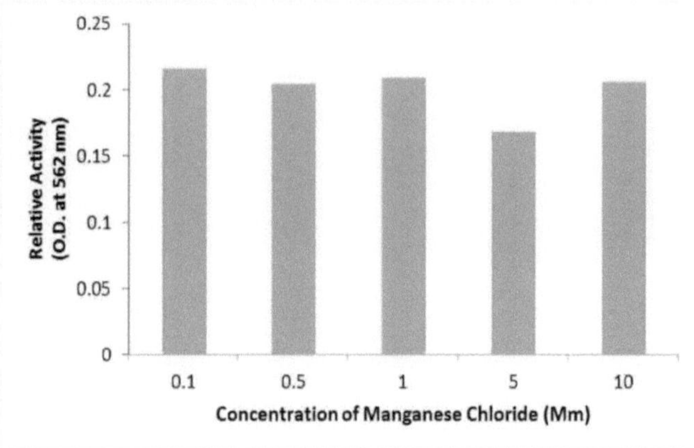

Fig. 15. Efeito de diferentes concentrações de cloreto de manganês na atividade da R - ficoeritrina

Efeito de diferentes iões metálicos na atividade da R- ficoeritrina

O cloreto de manganês tem um efeito consistente na atividade em todas as concentrações, exceto na concentração de 5 mM (Fig. 15). Também foi obtido um tipo de observação exatamente semelhante para o cloreto de cobalto (Fig. 16). No entanto, no caso do cloreto de mercúrio, verifica-se um aumento consistente da atividade com o aumento concomitante da concentração do cloreto de mercúrio (Fig. 17). O sulfato de cobre também apresentou um tipo de efeito semelhante ao do cloreto de mercúrio na atividade do R-PE (Fig. 18). No caso do sulfato de manganês, exceto na concentração de 1 mM, todas as outras concentrações mostram aumentos na atividade da R-PE (Fig. 19). O cloreto de cálcio também seguiu a mesma tendência que o sulfato de manganês, com baixa atividade na concentração de 1 mM (Fig. 20).

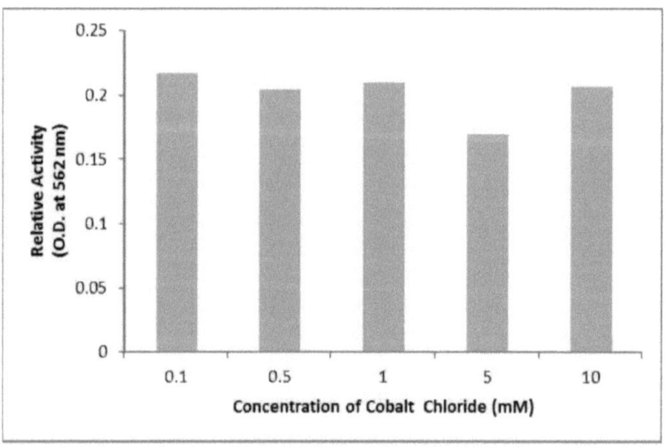

Fig. 16. Efeito de diferentes concentrações de cloreto de cobalto na atividade da R - ficoeritrina

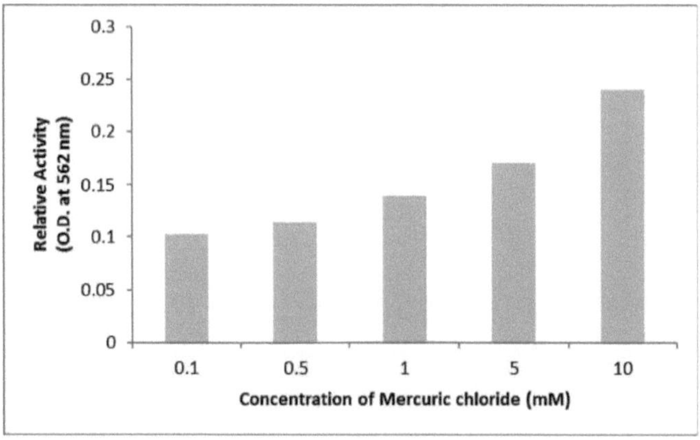

Fig. 17. Efeito de diferentes concentrações de cloreto de mercúrio na atividade da R - ficoeritrina

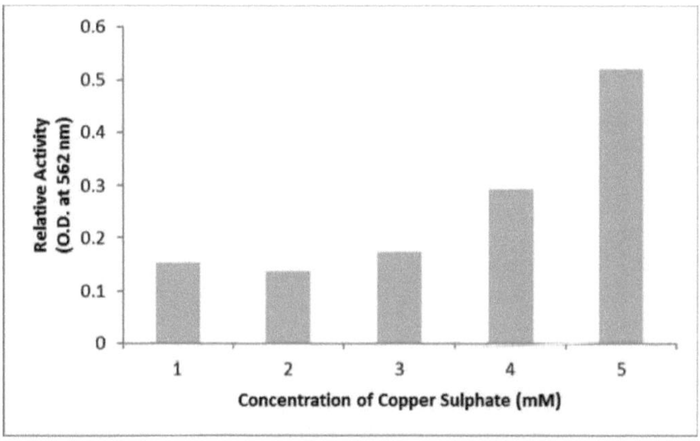

Fig. 18. Efeito de diferentes concentrações de sulfato de cobre na atividade da R - ficoeritrina

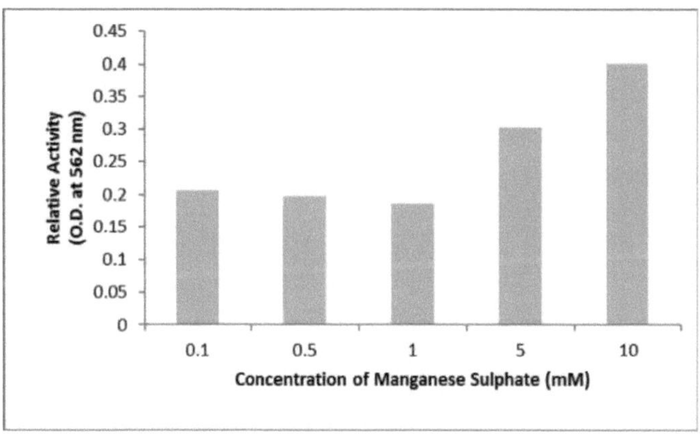

Fig. 19. Efeito de diferentes concentrações de sulfato de manganês na atividade da R - ficoeritrina

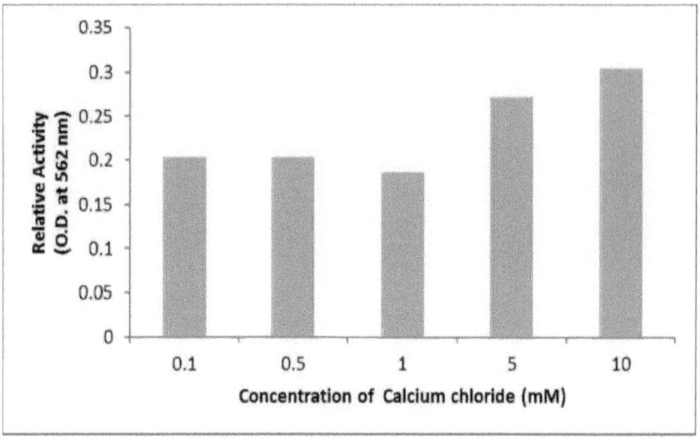

Fig. 20. Efeito de diferentes concentrações de cloreto de cálcio na atividade da R - ficoeritrina

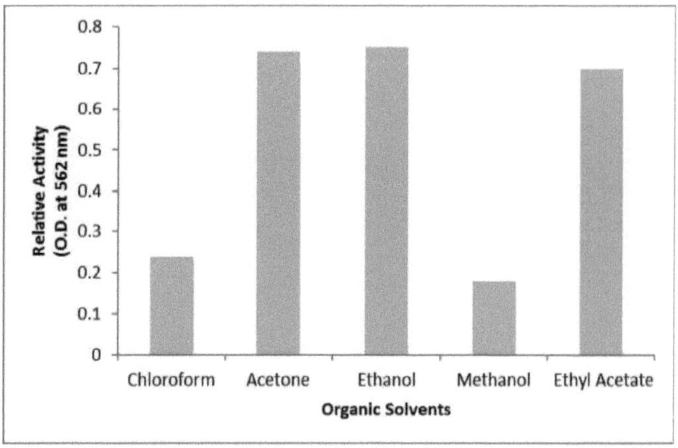

Fig. 21. Efeito de diferentes solventes orgânicos na atividade da R - ficoeritrina

Efeito de diferentes solventes na atividade da R- ficoeritrina

Quando diferentes solventes orgânicos são testados quanto à sua eficácia contra o R-PE, observou-se que o etanol suportava a atividade, seguido da acetona, do acetato de etilo, do clorofórmio e do metanol (Fig. 21).

CAPÍTULO 5

DISCUSSÃO

A presente investigação é uma tentativa de extração, purificação e caraterização da R - ficoeritrina (R - PE) da alga marinha vermelha, *Chondrococcus hornemonii.* Na análise preliminar relativa ao perfil bioquímico e de pigmentos, verificou-se que o nível de pigmentos fotossintéticos se encontra na ordem típica de uma alga vermelha, uma vez que a quantidade de Chi. *a* foi superior à de Chi. *d.*

Hidratos de carbono totais

O nível de carobidrato total foi também consistente com o nível de carbohidratos registado para outras espécies de algas vermelhas (McDermid e Stuercke, 2003).

Proteína total

Em algumas algas vermelhas, a fração proteica pode representar entre 2,7% e 47,0% (peso seco) da planta (Dawczynski *et al.,* 2007; McDermid e Stuercke, 2003). Neste estudo, o teor proteico da espécie foi de 1,9 mg /g. O teor proteico das espécies de *Gracilaria* foi da mesma ordem que o registado para *G. salicornia* (C. Agardh) Dawson (6,0%) e *Gracilaria* sp. (7,0%) (Renaud & Luong-Van, 2006). De facto, foi descrita na literatura uma grande variação entre espécies (McDermid e Stuercke, 2003; Renaud e Luong-Van, 2006; Wahbeh, 1997).

Lípidos totais

Em termos teóricos, os dados disponíveis na literatura mostram que o teor de lípidos nas algas marinhas é inferior a 4%, mas com maior variação (Herbreteau *et al.,* 1997; McDermid e Stuercke, 2003). *A Gracilaria corticata* apresenta 2,1 % enquanto *a G. verrucosa* apresenta 1,6 % (McDermid e Stuercke, 2003; Robledo e Pelegrin, 1997). Do mesmo modo, *Laurencia fdiformis* tem cerca de 6,2% de gordura, o que é comparável a *L. majuscula* (Harv.) (5,1%) (Renaud e Luong-Van, 2006). A percentagem de lípidos é significativamente inferior nas outras espécies de *Laurencia.* Na presente análise, a alga vermelha *Chondrococcus hornemonii* registou 12,73 mg /g, o que é quase igual a 4 % da biomassa total considerada para a análise.

Fitobiliproteínas

As cianobactérias e os Rhodophyta são os principais organismos que contêm ficoeritrina. Existe informação suficiente sobre a purificação e caraterização da ficoeritrina completa (Bekasova *et al.,* 2005; MacColl *et al.,* 1996; Rossano *et al.,* 2003). A maior quantidade de R - ficoeritrina seguiu A relação entre a R - ficocianina (PC) e a aloficocianina (APC) obtida neste estudo está em conformidade com vários trabalhos anteriores (Hilditch *et* al., 1991; Wedemayer *et al.,* 1996 e

Galland - Irmouli *et al.,* 2000). Geralmente, numa alga vermelha típica, o R - PE é elevado, seguido do PC e da APC, o que é evidente na presente alga, *Chondrococcus* sp.

Purificação da R - ficoeritrina

O sucesso do protocolo de purificação PE foi observado em cada fase por espetroscopia UV-Visível. O aumento do rácio de pureza em cada fase da purificação foi verificado por espectros de sobreposição que mostram claramente um aumento do pico de comprimento de onda de 562 nm em cada fase da purificação. A aplicação de técnicas de precipitação de sulfato de amónio em duas fases e de cromatografia de permuta iónica seguida de cromatografia de filtração em gel foi considerada eficaz para a purificação da ficoeritrina das algas vermelhas. O precipitado obtido após o tratamento do extrato bruto com 60% de sulfato de amónio (p/v) ajudou a obter cerca de 80% do teor de PE. Os presentes resultados são consistentes com os trabalhos anteriores de Denis *et al.,* (2009), Niu *et al.,* (2010) e Ugarte *et al.,* (2011).

Determinação do peso molecular

As ficobiliproteínas das cianobactérias e das algas vermelhas são geralmente compostas por dois tipos de subunidades portadoras de cromóforos (α e β) e existem em multímeros triméricos $(\alpha\ \beta)_3$ ou hexaméricos $(\alpha\ \beta)_6$, em que (αβ) é tradicionalmente designado como o monómero das ficobiliproteínas. As ficoeritrinas, especialmente das algas vermelhas, têm outra subunidade portadora de cromóforos denominada y. A subunidade y é considerada um conetor pelo qual dois trímeros $(\alpha\beta)_{(3)}$ (cerca de 120-30 kDa) se combinam para formar um hexâmero mais estável $((\alpha\beta)$- γ $-(\alpha\beta)_3)$ (cerca de 240-260 kDa). Por conseguinte, as ficoeritrinas existem geralmente sob a forma de hexâmeros em solução, bem como nos ficobilissomas; no entanto, as ficocianinas e as aloficocianinas existem principalmente em trímeros em solução (Rowan, 1989; Sidler, 1994; Adir, 2005). As observações acima referidas estão em total concordância com o presente estudo, uma vez que as três subunidades, nomeadamente α, β e γ, apresentam pesos moleculares aproximadamente equivalentes a 19 kDa, 21 kDa e 33 kDa. Além disso, os presentes resultados estão em total coerência com as observações efectuadas anteriormente por Khan *et al.,* (2005), Kulshreshta e Vadiraja *et al.,* (1998) e Isailovic *et al.* (2004). Do mesmo modo, no PAGE NATIVO, existe uma única banda correspondente a aproximadamente 230 kDa.

Análise espectroscópica da R- ficoeritrina

O espetro UV-visível do R-PE purificado foi obtido com três picos de ombro nas regiões 498, 550-570 nm, indicando a possível presença de três subunidades de R-PE, tais como α, β e γ. Normalmente, o R-PE apresenta a absorção máxima nas regiões 540 - 580 nm (Glazer e Hixson, 1977; Ficner *et al.,* 1992; Koller e Wehremeyer, 1975; Apt *et al.,* 1993). A subunidade a tem um espetro de emissão que mostra um ombro a 564 nm, enquanto β e γ mostram picos de ombro a 504 e 565 nm, respetivamente, indicando a pureza da presente proteína. Isailovic *et al* (2004) também obtiveram resultados semelhantes confirmando a pureza da R-PE.

Estudos de antioxidantes

Os radicais livres são moléculas altamente reactivas com um eletrão não emparelhado e são produzidos por radiação ou como subprodutos de processos metabólicos. Iniciam reacções em cadeia que levam à desintegração das membranas celulares e dos compostos celulares, incluindo lípidos, proteínas e ácidos nucleicos. Para além dos danos causados às células vivas, os radicais livres são a principal causa da deterioração dos alimentos através da oxidação dos lípidos, o que acaba por afetar as propriedades organolépticas e a comestibilidade dos alimentos. Assim, a intervenção de um antioxidante pode ter um efeito terapêutico e também manter a frescura dos produtos alimentares. Os compostos antioxidantes eliminam os radicais livres, como o peróxido, o hidroperóxido ou o peroxil lipídico, reduzindo assim o nível de stress oxidativo e retardando/prevenindo o desenvolvimento de complicações associadas ao stress oxidativo - doenças relacionadas (Wu e Xansen, 2008). Embora muitos antioxidantes sintéticos tenham revelado efeitos tóxicos e mutagénicos, um grande número de substâncias naturais, como as algas marinhas, têm sido preferidas e reconhecidas como tendo capacidades antioxidantes (Formica e Regelson, 1995).

A atividade antioxidante total do R-PE foi determinada de acordo com o método de Prieto *et al.*, (1992). No estudo, verificou-se que o R-PE tem, embora em quantidade muito baixa, capacidade antioxidante total, o que está de acordo com os trabalhos anteriores (Chandini *et al.*, 2008).

1.1- O difenil-2-picrilhidrazil (DPPH) é um radical livre estável centrado no azoto que é eficazmente eliminado por antioxidantes (Villano *et al.*, 2007). Por conseguinte, tem sido amplamente utilizado para a avaliação rápida da atividade antioxidante das plantas (Hu e Kitts, 2000). A capacidade das algas marinhas para eliminar os radicais DPPH foi determinada pela diminuição da sua absorvância a 517 nm. A presente investigação mostra a eficácia relativa da R - ficoeritrina (R-PE) como antioxidante. O resultado é indicativo da capacidade de doação de hidrogénio da R-PE, uma vez que se pensa que os efeitos dos antioxidantes na eliminação do radical DPPH se devem à sua capacidade de doação de hidrogénio (Conforti *et al.*, 2005).

A capacidade redutora de um composto depende muito da presença de redutores, que têm a capacidade de quebrar a cadeia de radicais livres doando um átomo de hidrogénio (Pin-Der-Duh 1998). Para a medição da capacidade redutora, a transformação de Fe^{3+} em Fe^{2+} na presença de R - PE foi investigada utilizando o método de Oyaizu (1986). Na investigação, o R-PE tem comparativamente menos poder redutor do que o padrão, ou seja, o ácido ascórbico. No entanto, em concentrações mais elevadas, o R-PE tem um poder redutor de cinquenta por cento do que o do ácido ascórbico, o que é um bom augúrio para o potencial antioxidante do R-PE.

Efeito de diferentes regimes de pH na atividade da R- ficoeritrina

Geralmente R - A ficoeritrina, sendo uma proteína, costumava ser altamente ativa a um pH quase neutro ou próximo deste. A presente descoberta também confirmou esta afirmação. Mishra *et al.* (2010) também se debruçaram em pormenor sobre a sensibilidade da R-PE ao pH, o que é muito semelhante ao presente trabalho. Liu *et al.*, (2009) referiram que, para além do pH 3,5 e 10, ocorrem alterações extremas no R-PE.

Efeito de diferentes temperaturas na atividade da R- ficoeritrina

Normalmente, as proteínas são termolábeis, ou seja, são sensíveis ao calor. Nos presentes resultados, verificou-se que a R-PE era ativa a cerca de 20 - 30 ° C, indicando a sua preferência por temperaturas mais baixas. Os trabalhos anteriores de Vaidya *et al.* (2003) apoiam esta observação.

Efeito de diferentes inibidores na atividade da R- ficoeritrina

O possível papel dos inibidores na atividade da R-PE é de grande interesse devido ao aumento da utilização da R-PE em diferentes esferas de aplicações biomédicas. Embora nada possa ser dito de forma conclusiva, pode inferir-se que o R-PE é relativamente sensível aos diferentes inibidores que são normalmente utilizados nas aplicações biomédicas.

Efeito de diferentes iões metálicos na atividade da R- ficoeritrina

Entre os vários metais testados, o sulfato de cobre e o cloreto de mercúrio têm maior atividade nas suas concentrações mais elevadas, indicando a sua possibilidade no metabolismo do R-PE. No entanto, outros iões metálicos não registaram quaisquer dados consistentes para análise aparente.

Efeito de diferentes solventes na atividade da R- ficoeritrina

O papel dos solventes orgânicos na atividade do R-PE é muito limitado. No presente estudo, o etanol registou uma atividade mais elevada do que todos os outros solventes.

CAPÍTULO 6

RESUMO

- A alga vermelha, *Chondrococcus hornemonii* (Syn. *Portieria hornemonii)* foi recolhida na costa de Mandapam, Tamil Nadu
- As algas foram analisadas quanto aos pigmentos fotossintéticos, hidratos de carbono totais, proteínas totais e teor de lípidos totais
- Foram também analisadas ficobiliproeteínas como a R - ficoeritrina (R-PE), ficocianina (PC) e alofiocianina (APC)
- Uma vez que o teor de R-PE era elevado (47,4 mg/g), foi utilizado para estudos posteriores
- Procedeu-se à purificação em três fases, incluindo precipitação com sulfato de amónio, cromatografia de permuta iónica Q-Sepharose e cromatografia de filtração em gel G-200
- O índice de pureza da fase final R - PE foi de 5,2
- A massa molecular das subunidades a, P e y da R-PE em SDS é de aproximadamente! 9 kDa, 21 kDa e 33 kDa e em PAGE NATIVO é de aproximadamente 230 kDa.
- UV - A análise espectroscópica revelou um espetro de três picos correspondentes às três subunidades, nomeadamente a, p e y
- O R-PE tem um nível relativamente médio de propriedades antioxidantes
- O R-PE foi ótimo a pH 7,0 e a uma temperatura de cerca de 30°C
- O R-PE tem uma afinidade caraterística com diferentes iões metálicos, inibidores e solventes orgânicos

CAPÍTULO 7

Bibliografia

Adir, N. 2005. Elucidação das estruturas moleculares dos componentes do ficobilissoma: reconstruindo um gigante, *Photosynthesis Research.* **85:** 15-32.

Akhilender, K., Sarada, R., Manoj, G., Khan, M.Y., Mahadeva M. e S. Viswanatha. 1999. Toxicity assessment of phycocyanin- A blue colorant from blue green alga, *Spirulina platensis. Food Biotechnology.* **13(1) :** 51 - 56.

Apt, K.E., Hoffman, N.E. e A.R. Gressman. 1993. A subunidade gama de R- Phycoerythrinn e o seu possível modo de transporte para o plastídio de algas vermelhas. *Journal of Biological Chemistry.* **268 :** 16208 - 16215.

Ayyagiri, M.S.,Pande, R., Kanstekar, S., Gao, H.,Marx, K.A.,Kumar, S.K. Tripathy, J.A., Akkara e Kaplan, D.L. 1995. *Engenharia Biotecnológica.* **45 :** 116.

Bekasova, O.D., Brekhovskikh, A.A., Revina, A.A. e V.T. Dubinchuk. 2008. Preparação e propriedades ópticas de nanopartículas de prata em R - ficoeritrina, uma matriz proteica. *Expressão e Purificação de Proteínas.* **44(8):** 835 - 841.

Bekasova, O.D., Brekhovskikh, A. A., Brykina, G. D., Dubinchuk, B. T., Mochalova, V. S. e A. S. Kotel'nikov. 2005. R-Phycoerythrin: Um ligando natural para a desintoxicação de iões de cádmio e uma matriz de túnel para a síntese de nanopartículas de sulfureto de cádmio. *Bioquímica e Microbiologia Aplicadas.* **41(3):** 269-274. '

Belay, A. 2002. A aplicação potencial da *Spirulina* (arthrospira) como suplemento nutricional e terapêutico na gestão da saúde. *JANA.* 5:26- 48.

Bermejo, R., Tobaruela, D., Talavera, E.M., Orte, A., Alvarez-Pez, J.M. 2003a. Fluorescent behaviour of B-phycoerythrin in microemulsiones of aerosol OT/water/isooctane. *Journal of Colloid Interface Science.* **263(4) :** 616-624.

Blum, H., Beier, H. e H.J. Gross. 1987. Melhoria da coloração com prata de proteínas vegetais, ARN e ADN em géis de poliacrilamida. *Electrophoresis.* **8:** 93 - 99.

Bennet, A. e L. Bogorad. 1973. Adaptação cromática complementar numa alga verde azul filamentosa. *The Journal of Cell Biology.* **58 :** 419 - 435.

Chandini, S.K., Ganesan, P. e N. Bhaskar. 2008. Actividades antioxidantes in vitro de três algas castanhas selecionadas da Índia. *Química Alimentar* **.107 :** 707-713

Chronakis, I.S., Galatanu, A.N., Nylander, T., Lindman, B. 2000. O comportamento de preparações proteicas de algas azuis - verdes *(Spirulina platensis* estirpe *Pacifica)* na interface ar / água. *Colloid Surface Physicochem Engg. Aspeto* **173** : 181 - 192.

Conforti, F., Loizzo, M.R.,Statti,G.A. e F. Menichini. 2005. Actividades comparativas de eliminação de radicais e antidiabéticas do extrato metanólico e das fracções de *Achillea lingustica. Bio Pharm Bull.* **28 (Suppl 9)** : 1791 - 1794.

Dainippon Ink and Chemicals. 1985. Line Blue A (corante azul natural de origem *Spirulina*). Informação técnica, Tóquio, Japão. Dainippon Ink and Chemicals.

Dammeyer, T. e N. Frankenberg-Dinkel. 2006. Insights sobre a biossíntese de ficoeritrobilina apontam para a canalização metabólica. *Journal of Biological Chemistry.* **281:** 27081-27089.

Davis, B.J. 1964. Eletroforese de disco. II: Método e aplicação às proteínas do soro humano. *Anais da Academia de Ciências de Nova Iorque.* **28** : 404 - 427.

Dawczynski, C., Schubert, R., e G. Jahreis. 2007. Aminoácidos, ácidos gordos e fibra alimentar em produtos de algas comestíveis. *Food Chemistry.* **103** : 891 - 899.

Denis, C., Masse, A. ,Fleurence, J. e P. Jaouen. 2009. Concentração e pré-purificação com ultrafiltração de uma solução de R- ficoeritrina extraída da macroalga *Grateloupia turuturu* : Definição do processo e aumento de escala. *Tecnologia de Separação e Purificação.* **69:** 37- 42.

Eriksen, N.T. 2008. Production of phycocyanin - a pigment with applications in biology, biotechnology, foods and medicine (Produção de ficocianina - um pigmento com aplicações em biologia, biotecnologia, alimentos e medicina). *Applied Microbiology and Biotechnology".* **20** : 113 - 136.

Ficner, R., Lobeck, K., Schmidt, G. e R. Huber. 1992 Isolamento, cristalização, análise da estrutura cristalina e redesenho da B-ficoeritrina da alga vermelha *Porphyridium sordidum* com uma resolução de 2,2 A. *Journal of Molecular Biology.* **228** : 935 - 950.

Glazer, A. N. 1985. Light harvesting by phycobilisomes. *Revisão Anual de Biofísica e Química Biofísica.* **14** : 47-77.

Glazer, A. N. e C.S.Hixson. 1977. Estrutura das subunidades e composição cromófora das ficoeritrinas de rodofitas. *Journal of Biological Chemistiy.* **252** : 32 - 42.

Glazer, A.N. e L, Stryer. 1984. Phycofluor probes. *Trends Biochem Sci.* **9** : 423 -427.

Haugland, R.P. 2002. IN: Handbook of Fluorescent Probes and Research Products, Molecular Probes,

EUA (http://www.probes.com)

Herbreteau, F., Coiffard, L. J. M., Demen, A., e Y, De Roeck-Holtzhauer. 1997. A composição em ácidos gordos de cinco espécies de macroalgas. *Botanica Marina.* 40:25- 27.

Hilditch, C.M., Smith,A.J., Balding, P., L.J. Rogers.1991. *Fitoquímica.* **30** : 3515.

Holdt, S.L. e S. Kraan. 2011. Compostos bioactivos em algas marinhas: aplicações alimentares funcionais e legislação. Journal of Applied Phycology.

Hu, C. e D.D. Kitts. 2000. Estudos sobre a atividade antioxidante do extrato de raiz de *Echinacea.* 2000. *Journal of Agriculture Food Chemistiy.* **48** : 1466 - 1472.

Huang, B., Wang, G.C., Zeng, C.K., Li, Z.G. 2002. Investigação experimental das subunidades de R-ficoeritrina no tratamento do cancro: um novo fotossensibilizador em PDT. *Cancer Biother Radiopharm.* **17(1)** : 35 - 42.

Ijima e Shimamatsu, H. 1982. Agente antitumoral e método de tratamento com patente pendente nos EUA. Ref. pl 150-726-a82675. 15 de abril.

Isailovic, D., Hung - Wing, L. e E.S. Yeung. 2004. Isolamento e caraterização de subunidades de R-ficoeritrina e digestões enzimáticas. *Journal of Chromatography A.* **1051** : 119- 130.

Jensen, G.S., Ginsberg, D.I. e C, Drapeau. 2001. Blue-green algae as an immuno-enhancer and biomodulator. *JANA.* **3** : 24 - 30.

Khan, Z., Bhadouria, P.e P.S. Bisen. 2005. Nutritional and therapeutic potential of *Spirulina. Biotecnologia Farmacêutica Atual.* **6** : 373 - 379.

Koller, K.P. e W. Wehrmeyer. 1975. B-Phycoerythrin from *Rhodella violacea:* characterization of two isoproteins, Archieves of Microbiology. **104** : 255 -261.

Kronicka, M.N. e Grossman, A.R. 1983. Técnicas de imunoensaio com conjugados de ficobiliproteínas de fluorescência. *Clinical Chemistry.* **29:** 1582- 1586.

Kulshreshtha, A., Jaccharia, A.J., Jarouliya, U., Bhadauriya, P., Prasad, G.B.K.S. e P.S. Bisen. 2008.

Spirulina na gestão dos cuidados de saúde. *Biotecnologia Farmacêutica Atual".* **9** : 400^105.

Kumar, C.S., Ganesan, P., Suresh, P.V. e N. Bhaskar.2008. Seaweeds as a source of nutritionally beneficial compounds - a review. *Journal of Food Science Technology.* ***45 :*** 1-13.

Laemmli, U.K. 1970. Clivagem de proteínas estruturais durante a montagem da cabeça do bacteriófago T4. *Nature.* **227** : 680 - 685.

Li, G.W., Wang, G.C., Li, Z.G. e C.K. Tseng. 2000. Efeito biológico da fotossensibilização mediada pela R-ficoeritrina no ADN. *Prog. Biochem Biophys* **27(6):621-624**.

Lobban, C.S. e Harrison, P.J. 1994. Seaweed ecology and physiology. Cambridge University Press. Cambridge. 384.pp.

Mac Coll, R., Eisele, L.E., Malak, R., Endres, R.L., Williams,E.D. e S.S. Bowser. 1999. Studies on R- Phycoerythrins from the Antartic marine red algae and mesophilic red algae. *Biologia Polar.* **22** : 384 -388.

MacColl, R., Eisele, L.E., Williams, E.C. e S.S. Bowser. 1996. The discovery of a novel R-Phycoerythrin from Antartic red algae. *J. Biological Chemistry.* **271:** 17157- 17160.

McDermid, K. J. e B. Stuercke. 2003. Nutritional composition of edible Hawaiian seaweeds (Composição nutricional das algas comestíveis do Havai). *Journal of Applied Phycology.* **15** : 513-524.

Mishra, S.K., Shrivastav, A., Pancha, 1. Jain, D. e S. Mishra. 2010. Effect of preservatives for food grade C- Phycoerythrin isolated from marine cyanobacteria *Psedanabaena* sp. *International Journal of Biological Macromolecules* **47** : 597 - 602.

Mishra, S.K., Shrivastav, A. e S. Mishra. 2008. Efeito de conservantes para C- PC de grau alimentar de Spirulina platensis. *Process Biochemistry.* **43** : 339 - 345.

Murato, M. e J. Nakazoc, J. 2001. Produção e utilização de algas marinhas no Japão. *Investigação Agrícola do Japão. Q.* 35 : 281 - 290.

Niu, J.F., Chen, Z.F., Wang, G.C. e B.C. Zhou. 2010. Purificação de ficoeritrina de *Porphyra yezoensis* Veda. (Bangiales, Rhodophyta) utilizando absorção em leito expandido. *Journal of Applied Phycology.* **22:** 25 - 31.

Niu, J.F., Guang-Le, W. e T. Cheng-Kui. 2006. Método para o isolamento e purificação em grande escala da R- ficoeythrina da alga vermelha *Polysiphonia urceolata. Expressão e purificação de proteínas.* **49** : 23 - 31.

Oi, V.T., Glazer, A.N. e Stryer, L. 1984. *Journal of Cell Biology.93* : 981.

Oyaizu, M. 1986. Estudos sobre o produto da reação de escurecimento preparado a partir de glucoseamina. *Jornal Japonês de Nutrição.* **44:** 307-315.

Pandey, U. e Pandey, J. 2008. Produção melhorada de biomassa de alta qualidade, ácido §-aminolevulénico, bilipigmentos e capacidade antioxidante de uma alga alimentar, *Nostochopsis lavatus. Applied Biochemistry and Biotechnology.* **150 :** 221 -231.

Parmar, A., Singh, N.K., Kaushal, A. ,Sonawala, S. e D. Madamwar. 2010. Purificação, caraterização e comparação de ficoeritrinas de três culturas diferentes de cianobactérias marinhas. *Bioresource Technology.* **23 :** 112 - 117.

Patel, A., Pawar, R., Mishra, S., Sonawane, S. e P.K. Ghosh. 2004. Estudos cinéticos sobre a desnaturação térmica da C-ficocianina. *Indian Journal of Biochemistry and Biophysics.* **41 :** 254 - 257.

Pin - Der - Duh, X. 1998. Atividade antioxidante da bardana *(Arctium lappa* Linn): o seu efeito de eliminação dos radicais livres e do oxigénio ativo. *Jornal da Sociedade Americana de Química do Petróleo.* **75** : 455 -461.

Prieto, P., Pineda, M. e M, Aguilar. 1992. Quantificação espectrofotométrica da capacidade antioxidante através da formação de um complexo de fosfomolibdénio: aplicação específica à determinação da vitamina E. *Analytical Biochemistry.* **69 :** 337- 341.

Reiss, A., Mendes, A., Lobo - Fernandes, H., Empis, J.A. e Novais, J.M. 1998. Produção, extração e purificação de ficobiliproteínas de *Nostoc.* Sp. Bioresource Technolgy. 66 : 181 - 187.

Renaud, S. M. e J.T., Luong-Van. 2006. Variação sazonal na composição química das macroalgas marinhas tropicais australianas. *Journal of Applied Phycology.* **18 :** 381-387.

Reuter, W. e Mueller, C. 1993. Adaptação do aparelho fotossintético das cianobactérias à luz e ao **CO2.** *J. PhotoChemistry Photobiology. B : Biologia.* **21 :** 3 - 27.

Robledo, D. e Pelegrin, Y. F. 1997. Composição química e mineral de seis espécies de algas potencialmente comestíveis de Yucatan. *Botanica Marina.* 44 : 301 - 306.

Roman, R.B., Alvarez-Pez, J.M. ,Fernandez, F.G.A. e Grima, E.M. 2002. Recuperação de B-ficoeritrina pura da microalga *Porphyridium cruentum.* Jornal de Biotecnologia. 93 : 73 -85.

Rowan, K.S. 1989. Photosynthetic Pigments of Algae. Cambridge University Press, Nova Iorque.

Sekar , S. e Chandramohan, M. 2008. Phycobiliproteins as a commodity : trends in applied research, patents and commercialization. *Journal of Applied Phycology.* **20:** 113 - 116.

Soni, R.B., Hasan, M.I.,Parmar,A.,Ethayathulla, A.S.,Kumar, R.P.,Singh, N.K.,Sinha,M., Kaur,P. ,Yadav, S., Sharma,S., Madamwar, D. e T.P. Singh.2010.Structure of the novel 14kDa fragment of a -subunit of phycoeryhtrin from the starving cyanobcaterium *Phormidium tenue. Jornal de Biologia Estrutural.* **171 :** 247-255.

Sidler, W.A. 1994. Estruturas do ficobilissoma e da ficobiliproteína. **In:** D.A. Bryant (Ed.), The Molecular Biology of Cyanobacteria, Kluwer Academic Publication, Países Baixos, pp. 139 -216.

Subba Rao, P.V. e V.A. Mantri. 2006. Indian seaweed resources and sustainable utilization : Scenario at the dawn of a new century. *Current Science.* **91(2):** 164 - 174.

Sun , L., Wang, S., Gong, X. e Chen, L. 2004. Um complexo de R- ficoeritrina contido num ligante de haste do ficobilissoma intacto da alga vermelha marinha *Polysiphonia urceolata. Journal of Photochemistry and Photobiology B. Biology.* **76 :** 1- 11.

Tripathi, S.N., Kapoor , S. e A. Shrivastava. 2007. Extração e purificação de uma ficoeritrina invulgar numa cianobactéria terrestre tolerante à dessecação *Lyngbya arboricola. Journal of Applied Phycology.* **19:** 441-447.

Tseng, C.K. 2001. Indústrias de biotecnologia de algas e actividades de investigação na China. *J. Applied Phycology.* **13 :** 375 - 380.

Ugarte, J.S., Brunet, J.E., Matamala, A.R., Oyanedel, J.M. e M. Bunster. 2011. Parâmetros espectroscópicos de ficoeritrobilina e ficoroubilina em ficoeritrina de *Gracilaria chilensis. Journal of Photochemistry and Photobiology. A : Chemishy.*

Organização das Nações Unidas para a Alimentação e a Agricultura (FAO), 2001. World Fisheries and Aquaculture Atlas CD-ROM (Roma: FAO).

Vadiraja, B.B., Gaikwad,N.W. e K.M. Mathyastha. 1998. Efeito hepatoprotector da C - ficocianina: proteção contra o tetracloreto de carbono e a hepatotoxicidade mediada pela R - (f) - Pulegona - em ratos. *Comunicação sobre Investigação em Bioquímica e Biofísica.* **249 :** 428 -431.

Vaidya, S.A., Orta-Ramirez, A., Smith, D.M. e R. Y. Ofoli. 2003. Effect of Heat on Phycoerythrin

Fluorescência: Influence of Thermal Exposure on the Fluorescence Emission of R-phycoerythrin *Biotechnology' and Bioengineering.* **83(4) :** 465-473.

Grondella, R., Deikker, J.P.,Gillbre, T. e V. Sundstron, V. 1994. Transferência e captura de energia na fotossíntese. *Bioquímica e Biofísica. Ata.* **1187 :** 1- 65.

Venkatraman, K. e M. Wafar. 2005. Coastal and Marine biodiversity of India (Biodiversidade costeira e marinha da Índia). *Indian Journal of Marine Sciences.* **34 (1):** 57 -75.

Viles, H. e Spencer, T. 1995. Coastal problems: geomorphology, Ecology and society at the coast. Edward Arnold, Grã-Bretanha, pp.350.

Villano, D., Fernandez - Pachona, M.S., Mayob, M.L., Troncosoa, A.M. e M.C. Garcia-Parrila. 2007. Capacidade de eliminação de radicais de compostos polifenólicos em relação ao radical livre DPPH. *Taianta.* **71 (Suppl. 1) :** 230-235.

Wafar, M. ,Venkatraman, K. ,Ingole, B., Khan, S.A., P. LokaBharathi. 2011. State of Knowledge of coastal and Marine Biodiversity of Indian Ocean countries (Estado do conhecimento da biodiversidade costeira e marinha dos países do Oceano Índico). PLoS ONE. 6(1): 1-12.

Wahbeh, M. I. 1997. Perfis de aminoácidos e ácidos gordos de quatro espécies de macroalgas de Aqaba e sua adequação para utilização em dietas para peixes. *Aquaculture.* **159 :** 101-109.

Wedemeyer, G.J., Kidd, D.G. e A.N. Glazer. 1996. *Photosynthetic Research.* **48 :** 163.

Wilbanks, S.M. e A.N. Glazer. 1993. Estrutura da haste de um ficoeritrina II contendo ficobilissoma. I. Organização e sequência do grupo de genes que codifica os principais componentes da haste de ficobiliproteína no genoma do *Synechococcus* sp. WH8020 marinho. *Journal of Biological Chemistry.* **268 :** 1226 - 1235.

Wiley, P.S., Neefus, C.D. e L.S. Jahnke. 2008. Efeitos sazonais da exposição ao sol e da emersão na fisiologia das algas marinhas intertidais: flutuações nos teores de antioxidantes, pigmentos fotossintéticos e eficiência fotossintética na alga vermelha *Porphyra umbilicalis* Kutzing (Rhodophyta, Bangiales). *Journal of Experimental Marine Biology and Ecology.* **361 :** 83 - 91.

Wu, X.J. e C. Hansen. 2008. Capacidade antioxidante, teor fenólico, teor de polissacáridos de Lentinus *edodes* cultivados em cultura submersa de permeado de soro de leite. *Journal of Food Science.* **73 (1):** Ml -M8.

Yan, G. C. e H.Y. Chen. 1995. Atividade antioxidante de vários extractos de chá em relação à sua antimutagenecidade. *Journal of Agricultural and Food Chemistry.* **43:** 27-37.

MIX
Papier aus verantwortungsvollen Quellen
Paper from responsible sources
FSC® C105338

Printed by Books on Demand GmbH, Norderstedt / Germany